致斯蒂芬

Dedicated to Stephen Gallira

世界上没有谁像她那样，

身上带着全世界的伤。

There is no one in the world who carries the world's wounds like she does.

破坏实验

纽约的损毁与愈合

李明洁 著

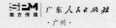

广东人民出版社
·广州·

刘擎序：伤与痛的言说

一

每个城市都是特殊的，但有些城市更加特殊，纽约就是其中之一。"New Yorker"的本意是"纽约人"，在汉语文本中常常译作"纽约客"，这个音译是颇有意味的妙译。纽约的开放、创新与流动，造就了这座大都市极为丰富多样与奇异驳杂的气质，以至于土生土长的纽约人也时常会有"身处异乡"般的新颖或不适感。就此而言，身在纽约的人都是"客居"此地，无论是本地的还是外来的，都是"纽约客"。

李明洁教授这些年多次往返纽约，前前后后在那里工作生活了两年多。纽约是她的"田野"。她游走于居民街区、商业大道、学院讲堂、美术馆和图书馆；她参加会议，观看展览，目睹街头游行，也在节日、商场、公园和餐馆中体验纽约人的日常景观。她结交形形色色的纽约人，其中有社会贤达和学术文化界知名人物，而大多都是普通百姓。她在提问与交谈中体察他们的感受与心声，探寻他们的过往与愿景。她以局外人和旁观者的身份，渐渐介入当地的人与事，更深地融入这座城市，成为一名"纽约客"。

这些原本寻常的田野工作，恰好遇上了非常岁月的风云际会：从美国政治的剧烈动荡，围绕种族、性别和移民等问题的纷争，意识形态的极化以及新一波"文化战争"，到中美贸易摩擦、新冠病毒流行以及俄乌冲突爆发……微观生活的日常性被宏大的时代激流冲击着，带给这座特殊的城市新的创伤。李明洁教授的这部人类学札记，以颇具个性的叙事方式，向我们呈现了"纽约的伤"的不同面向。她不仅感同身受着纽约民众的切肤之痛，并且试图探究伤痛的来龙去脉与深层原因。

二

令人印象至深的是，这部作品自始至终都交织着"感受"与"思考"的双重性，一面是对当下人与事的亲历体验的叙事，一面是在历史脉络以及对比思考中的论述。作者在"具身融入"的感受与"超然反思"的探究之间往复游走，这多少得益于她的"访客"身份，使她总是能在沉浸投入的体验中获得抽身而出的时刻，并凭借学识和阅历，与她所面对的人与事形成反思性的距离，由此开启反思性的视野，此时此地的景象在历史的关联中呈现出延续与变化的脉络，也在与彼时彼地的比较参照中展示出相似与差异。当然，这种双重性也体现出作者兼备的作家气质与学者素养。

明洁教授具有作家的敏感和才华，这在学者中并不常见。她对场景、气氛、表情、语调等细节的捕捉与描述，如此真切而精微，以至于阅读这些文字会有身临其境的在场感，仿佛触碰到这座城市变迁的肌理纹路（texture），从而通向更为移情的理解。然而，具身感受本身是无言的，言说这种感受并不容易，往往需要或隐或现地借助一些认知概念和理论框架。但理论的应用又隐含着某种风险：理论可能驯化具体感受的驳杂性，将其纳入抽象的"范畴"，以便达成一般性的认知，由此获得普遍化的知识，但代价是错失了生命现象的复杂、多样、矛盾及其激发变革的潜在力量。在我看来，所有非虚构写作可能都会面临这类"现象学问题"的挑战。

明洁教授选择了自己的方式来应对这种挑战。她作为学者的专业领域是社会语言学、都市民俗研究和文化人类学，在社会科学大类中属于人文性较强的领域。这种特定的专业意识，使她对概念框架的有效性边界保持警觉。因此，她拒绝将丰富生动的感受体验"还原"为清晰的理论概念。她选择以"破坏实验"的后果"伤"作为核心隐喻，并对此展开多面的阐释和思考。在从具体人和事出发进一步展开探索的时候，她采用的叙事方法并不是一种纯粹的"理论化论述"，而是借助多种"相关性联想"，再加以"异同对比"等逻辑推论的辅助。

最终，这部札记不只是就事论事，而是将具体感受上升到对更大的时空图景的思考——从当下情景联系到历史与未来、从纽约故事引申到美国与世界。这种"上升"的结果从不是"理论"，而是保持为一种具身认知，带着始源的特定性和切近感。她探究破坏实验的文化与政治意涵，总是带有当事人的"痛感"，而不是把"伤"转变为类似生物医学的鉴定报告。

换句话说，作者从未企图将"纽约的损毁与愈合"还原或"上升"到一种社会科学的理论解释。她宁愿让自己在感受与思考之间出现某些跳跃或裂痕，并坦然呈现两者之间的张力，也不愿让理论驯服生命。这是作者的真诚，也是这部作品的独特印记。

三

作为读者，我从这部作品中受益良多，不仅被其中栩栩如生的人物和故事所打动，也激发我思考学术探索的方法问题。许多擅长"现代社会科学模式"的学者，往往习惯于从宏观的结构与趋势入手，来理解和解释具体的社会与生命现象。这种从宏观到微观的方法，通过范畴或量化模型的"编码"，很容易将鲜活多样的经验转换为清晰干净的类别，最终成为体现结构的例证，或者支持普遍化陈述的个案。在学术史上，这种典型的研究方法经过多次挑战和争议，已经显示出自身的局限性，也因此不再被视为支配性的研究范式。

研究思想史的学者，依赖理论框架与概念，需要社会结构分析，但与主流的社会科学研究相比，更重视历史脉络和具体经验，也因此会使论述变得更为复杂（或者含混）。我自己从未专门做过人类学的考察研究，这是智识上的一种缺憾。我在美国十年的学习和访问研究经历，也从未像明洁教授那样广泛而深入地介入当地的社会生活。她的写作使我更加相信，一种亲历的在场体验和由此获得的认知，无法彻底被还原为理论陈述；或者说，在理论还原的过程中，总有一些难以名状却又值得珍视的东西流失了。因此，学者在不同的探索和研究方式之间，需要彼此借鉴，相互启发，更为开放地根据特定的主题确立研究方法，这是所谓"方法论多元主义"的立场。

四

在阅读本书的过程中，有些内容也引发了我的疑惑和困扰，在此与明洁教授以及读者一起探讨。

在对美国政治动荡的思考中，作者有时以开放式的问句表达某种质疑或不确定的判断，有时则用坦率的感叹直截了当地做出断言，但这也可能忽视了问题的复杂性。明洁教授对"政治正确"和"取消文化"的左翼政治运动和公共政策影响抱有审慎的批评态度，时而表达出难以抑制的感慨和惋惜，这在她看来是造成"纽约被损毁"的一个成因。我并不怀疑她在访谈和亲历中所列举的事实，但如何判断这些事实是更为艰难的问题。我们可以思考这样的问题：纽约甚至美国，在这一轮"文化战争"之前是岁月静好的时代吗？对谁而言是如此？有没有这样一种可能：许多人的创伤积存已久，但他们身处社会边缘只能隐忍伤痛，那么，是不是因为他们被忽视、漠视和轻视才造就了往昔"岁月静好"的景象？

与此同时，我也并不认同进步主义运动中一些极端的话语和行为，包括明显违背"比例原则"的处罚以及教条化的信条等。在我看来，过度"政治正确"的要害在于教条主义，无论是左翼的还是右翼的教条主义，都会扼杀自由辩论。的确，言论从来就有禁忌，但过去有些边缘人群的被迫沉默，并不意味着反过来迫使他人噤声就是正当的。

我有理由相信，明洁教授和我会共享一些近似的感受，但我们对美国当前的左翼进步主义事业可能存在判断上的差异。这是一个复杂的主题，我自己还需要更深入的研究和思考，才可能找到更为确定的见解。但我们大概都会同意：对于思想探索而言，真诚是重要的，但真诚并不必然抵达真相；坦率是可贵的，但坦率有时可能失之草率。这将成为我们未来对话交流的一个主题。

五

"破坏实验"这个主标题有一个核心隐喻："伤"。对于每个人的生命而言，伤痛意味着什么？这是我们期望尽力避免的境况，但也正是经由伤痛，我们才体会到生命的成长与力量。没有伤痛的生命不仅是难以想象的，而且是不幸的。本书的副书名是"纽约的损毁与愈合"，正如每个历经过伤与痛的生命，它从未彻底损毁，也尚未完全愈合。纽约如此，上海亦如此。

我们被困在一个昏暗不明的时期，而此时的思考与写作，多半是阿伦特所说的"在过去与过来之间"，是探索性的，磨炼思考的能力。阿伦特说："由于这些操练是在过去与未来之间进行的，它们就既包含着批评也包含着实验，但是这些实验并不企图设计出某种乌托邦性质的未来，对过去和传统概念的批判也不意欲'摧毁'。这是基于一个时代的间隙所做的操练，它的唯一目的在于获得'如何去思的经验'。"

感谢明洁教授的邀请，将我这篇读后感作为序言。

2023 年 7 月 15 日于上海

目录

写在前面：大雁的天性

　　纽约的初春，开始看得到"加拿大雁"列队北飞的时节，我就知道寒假的访学要接近尾声了；九月，听到雁鸣由远及近，大雁迫降归来，就是我结束暑假调研该回上海的时候了。纽约的朋友笑我是"上海雁"，有规律地迁徙，每年比野性十足的"加拿大雁"还要多飞一趟。

　　2018 年至 2023 年间，三个月上海，三个月纽约，十八趟遥远的飞行。以至于在高空中我常常会迷惑，我到底是去还是回？从飞机到地铁，从路口到路口，这种异乡与故乡间的频繁切换，这种熟悉感与疏离感的刻意维持，对于人类学研习者而言，理论上讲是有意为之，但实践起来很多时候却都是无意识的。

　　就像大雁，恐怕也说不清到底哪里才算故土，天性只允许它作短暂的居停。

　　纽约十分浑浊，很多含义深藏不露，是上海人一落脚就会感到亲切的城市。以前我以游客身份去看各种地标，纽约印证着我经由阅读而熟识的意象。如今人生际遇让我做一只飞向纽约的"上海雁"，我虽仍是过客，但毕竟有了很多纽约的亲密朋友，也真实地经历了他们的某些经历。我用文字狼吞虎咽，记录下衬托着纽约地标的那些丰盛与潦草。

美国社会学家加芬克尔（Harold Garfinkel，1917—2011）提出"常人分析法"，来研究普通人的行为处事，并以"破坏实验"理论著称：通过在社会生活实践中的某些部分引入混乱，造成局部失范，从而发现实践活动的内部规律。2018年至2022年的纽约，由于一系列重大事件的发生，意外地成为"破坏实验"理论的巨型实验室。经济结构、历史遗产、文化权力以及个人行为的共同影响及其内在动因，在"破坏实验"中显露无遗。我直觉，这五年恐怕正是某种"历史时刻"（historic moment），而我目睹了一座大都市的挣扎与损毁，见证了无数人承受着无因的苦与无由的伤，更感同身受地理解了孟德斯鸠为什么会写《波斯人信札》，加缪为什么会说"习惯于绝望的处境比绝望的处境本身还要糟"，也最终确信我们和纽约人其实揣着相似的心事——在肉眼可见的未来，在最普通的日常里，都会充满最严重的不安。

"人们只有在某种距离上看待不幸时才可能接受不幸的存在。"我欣赏西蒙娜·薇依（Simone Weil）的深省，她还说，"罪恶并不是一种距离，而是目光的斜视"。

没有哪个城市像纽约那样，带着全世界的伤。任何一个纽约人，都可能来自地球的某个角落，身上带着全球史的惊涛。人需要被他人、被异域提醒，就像大雁只有来去，没有归途，因为"任何地方都不比另一个地方拥有更多的天空"。

初稿于 2022 年 6 月 1 日凌晨上海

终稿于 2023 年 1 月 31 日纽约公共图书馆

◀从飞机上俯瞰曼哈顿岛，这座钢筋水泥的森林被宽阔的哈德逊河与细长的东河环抱。曼哈顿是纽约五个行政区中人口最稠密的，也是纽约市政厅的所在地，更是美国经济和文化中心。作为全球性移民城市，以曼哈顿为代表的纽约，最为具象地呈现了这个世界的悲喜欢愁。(2022 年 3 月 26 日，摄于乌云与蓝天共现的纽约的上空)

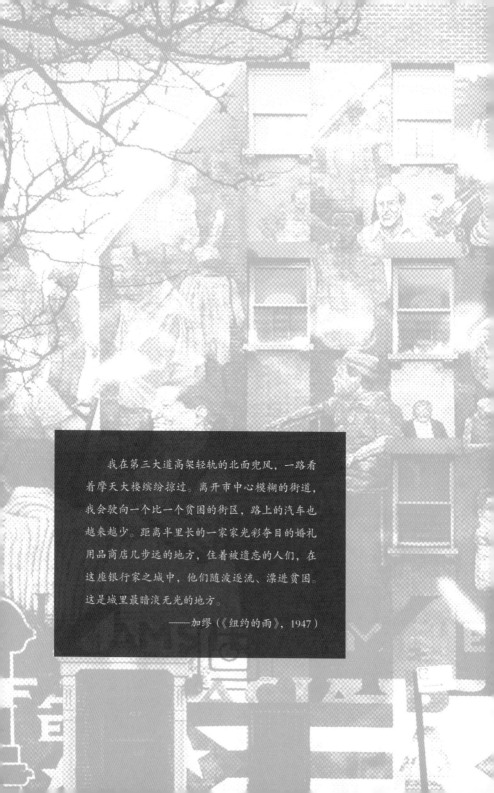

　　我在第三大道高架轻轨的北面兜风，一路看着摩天大楼缤纷掠过。离开市中心模糊的街道，我会驶向一个比一个贫困的街区，路上的汽车也越来越少。距离半里长的一家家光彩夺目的婚礼用品商店几步远的地方，住着被遗忘的人们，在这座银行家之城中，他们随波逐流、漂进贫困。这是城里最暗淡无光的地方。

——加缪（《纽约的雨》，1947）

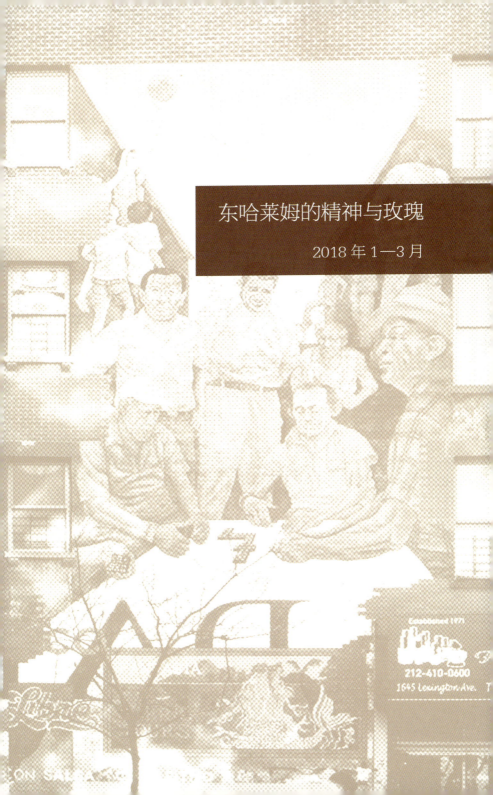

东哈莱姆的精神与玫瑰

2018 年 1—3 月

我在冬天的"东哈莱姆"住下，在五条大道和四十多条街巷的阡陌里，包裹严实地逛荡了三个月。每个"扫街"回来的傍晚，从纽约地铁 6 号线 110 街站台出到地面，我总能遇到把在出口问行人讨要一美元的那个中年妇女，而对面街口常有一个挂着拐杖要咖啡钱的白胡子男人。在他们背后，杂货店门上显眼的位置贴着"接受电子福利转账"（EBT accepted，作者注：困难群体在"食物保障计划"的支持下，使用从政府申领的福利卡转账，获得免费食物）几个大字，熟食店晃眼的灯泡照在一列列炸鸡腿上，面包店里的杯形蛋糕装饰着过分艳丽的奶油。在肤色暗沉、操着西班牙语的人流里，我总会莫名地想起七十年前的加缪。和他一样，我只是个"局外人"，游弋在这座岛屿仍旧"最暗淡无光的地方"。

　　不同的是，加缪来纽约是为宣讲他的主张，此地无非走马观花而已；我来则是想了解这里人们的想法，所以选择在东哈莱姆小住。每个大都市都残留着可能会转瞬即逝的老旧城区，它们因为尚未被政府或开发商觊觎，还保持着自然生长的样子。我总以为，这样的地界也该是人类学关注的"田野"，毕竟城市已然是越来越多人的原乡，而旧城当然更是新都的原乡。这些具有与生俱来品质的社区所带有的"原真性"（authenticity），这些浸润着记忆与情感的熟悉景观，支撑了将公众组织起来的具有社会用途和文化意涵的脆弱社会结构，激发着人们根源于独特时空的个体渴望，也交织着民众对于各类权力不断侵蚀它们的焦虑。

欢迎来到"西班牙哈莱姆"

连纽约人自己都说，"东哈莱姆"（East Harlem）恐怕是这座国际化大都市里最后的"老街坊"了，当地人叫它"艾尔·巴里奥"（El Barrio），西班牙语的字面意思就是"街坊、邻里"。它位于纽约的曼哈顿岛上，哈莱姆河成为它东面和北面自然弯曲的边沿，西面是纽约最繁华的第五大道，南面的边界则是第 96 街。

贫富一街之隔，96 街以南，就是以奢华高贵著称的"上东区"。虽然名称上叫"东哈莱姆"，但与西边相邻的"哈莱姆"并无直接关联。只要上街走一走，就能区别开来：上东区是逛不完的高档商场和高雅博物馆，路上多是穿着考究的白人和被雇佣者牵着的各类名狗；一路往北则是密集的杂货部和成片的廉租公屋（public house），迎面较多是拉丁裔（Latino）的棕色面孔；紧邻在西边的哈莱姆区被视为非裔美国人的精神与文化之都，街街总有很多黑人站着用英语或法语闲聊；但在东哈莱姆，不少杂货铺、药房和快餐店的服务员是听不懂英文的，他们只会说西班牙语。

本世纪以来，越来越多像销售有机食品的"全食超市"（Whole Foods Market）这类符合中产阶级口味的品牌连锁店开进了东哈莱姆，就像它的邻居、先走一步的"哈莱姆文艺复兴"计划一样，城市的升级改造也在加速改变东哈莱姆的原貌。它的范围正在缩水，虽然行政区划上是以第五大道为西界、第96街为南沿，但是恐怕要往东北缩进不少了。

这是我这个冬天扫街的结论。第五大道以东至第三大道以西、96街以北到100街以南的区域几乎是找不到墙画（mural）的。这是个实在的证据。只有再往东北去，街面上才时不时会有大小不一的墙画撞入眼帘——东哈莱姆以墙画出名，这名声说不上好也说不上坏——毕竟管理精细的高档社区容不下涂鸦，也不是所有的地方都有以画代言的习俗；但东哈莱姆有这个传统，这里穷，对市容没什么洁癖，也没有他们的南邻那么严厉的居委会，怕是纽约残余的露天画室了。经年累月，加上其深厚多元的社区文化氛围，使东哈莱姆的街头艺术在全球范围内逐渐赢得盛名。甚至有人专程到此飙技，"涂鸦名人堂"（The Graffiti Hall of Fame）占据公园大道（Park Avenue）附近的两面墙。由于墙面紧张，为争夺一席之地，知名或不知名的民间画师们从1980年代开始，每年聚此必有一战。这些大马路沿街的墙画，既非商业广告，也不是宣传海报，而是带着某种与街区相伴随的"原真性"。面对它们，总有注视东哈莱姆眼睛的错觉。

刚过60岁的斯蒂芬是建筑商，第三代意大利裔老纽约客，觉得"东哈莱姆"这个名字一定是房地产商给改的。他揶揄说：名字一改就能成时尚地标了？他还是坚持叫它"西班牙哈莱姆"（Spanish Harlem），他还记得他的父母叫这里"意大利哈莱姆"（Italian Harlem）。这个街区看来是铁打的营盘，流水的移民。最早移民到此的是17世纪初做毛皮贸易的荷兰人，他们给定居点起名"新哈莱姆"（New Harlem，意译即新荷兰）。19世纪末第一批意大利人来到这里，他们在这个街区留下了圣卡梅尔山圣母教堂等遗迹；吉诺维斯家族（Genovese Family）在此成立黑帮，电影《教父》里可以看到不少影子。二战后，意大利人升迁到纽约的其他地方，这个街区随即被拉丁裔和非裔美国人进驻。目前这里仍是纽约市最大的拉丁裔社区之一，移民来自波多黎各、多米尼加、古巴和墨西哥等西班牙语地区，他们把拉丁美洲和南美的街头绘画传统带到了纽约，成为这个大都市里热情的墙画创作者。目前波多黎各人大约占这个社区人口的一半，大街小巷随心所欲地悬挂着波多黎各自治邦旗，墙画上最多的符号也是红白条加蓝底白五角星的邦旗图案。人们从这些旗帜和图案里能感受到他们强烈的"在地感"：这里是我们拉丁人的，"欢迎你们来到西班牙哈莱姆"（Welcome to Spanish Harlem）。本世纪以来，越来越多的华裔从曼哈顿下城搬到这个更便宜的社区，中餐

▲ 杰里米·维加（Jeremy Vega）绘制。从画上的信息猜测，应绘制于 2014 年至 2017 年间。高层建筑外墙上部。墙画上可见"东哈莱姆"字样，在当地人的西班牙语中也被叫作"街坊"。（2018 年 1 月 16 日摄于东 116 街与公园大道的西北路口）

外卖店已然鳞次栉比。

我确实看到较新的墙画上写的是英文的"东哈莱姆",当地居民惯用的西班牙语自称倒是一直未变。左下角重现的是凯斯·哈林(Keith Haring)的代表作,右下角画的是旁边北铁火车(Metro-North Railway)的轨道桥,画面上除标注了公园大道和116街路口这幅墙画所在的小店聚集地外,也记录了临近的两幢居民楼2014年因煤气管道爆裂而坍塌的事故。对社区的认同感明白无误地溢出来,但如果细究,恐怕不少细节都不可能令人欢愉。这大约才是东哈莱姆墙画的格调:所有经历,都是见证。

东哈莱姆是不是格尔尼卡?

毕加索是西班牙人,1937年他为巴黎世界博览会的西班牙馆创作了装饰壁画《格尔尼卡》(Guernica),描绘了德军对西班牙小镇格尔尼卡轰炸后的平民惨状。被践踏的鲜花、断裂的肢体、哀号的母亲、身残倒地的战士、濒死长嘶的瘦马……111街红色砖墙上有一幅画,会让人不由自主地想起这幅控诉法西斯暴行的不朽之作,右下角还写着"致敬毕加索"(Homage to Picasso),但画的显然是纽约——画面四分之三列的位置上,拉丁裔典型的深棕色头发加重了压抑感,洋基队(New York Yankees)的棒球帽坐实了这就是纽约。1996年,刚从康奈尔大

学美术专业毕业不久的詹姆斯·维加（James de la Vega），受非营利组织"希望社区"的委托，创作美化社区墙面的装饰画。年轻气盛的詹姆斯对自己生于兹长于兹的社区爱深责切，仿拟了美术史上那个振聋发聩的控诉：不是炸弹，不是侵略者，而是毒品、暴力、贫穷和骨肉相残。格尔尼卡就在我们的脚下！

东哈莱姆曾经毒品泛滥，这是不争的事实，也是 20 世纪 80 年代纽约的缩影。"毒品是魔鬼"（Crack is wack）至今还在 128 街室外手球场的混凝土墙上，连带这个运动场也被纽约公园和娱乐管理局用画上的这句俚语给重新命名了。这可能是纽约最著名的一幅墙画，不仅因为它位于高速公路进出曼哈顿的必经路口，更因为这幅画及其作者的真实经历也是当代美国社会史、艺术史和传媒史的最佳教案。位居全球街头艺术家至尊地位的凯斯·哈林，事业初期有一名染上毒瘾的天才助理本尼（Benny），但本尼没有保险，医院不接收，政府不能提供任何戒毒措施。想帮他的哈林走投无路，在 1986 年的某个夏日，开着租来的货车，载着扶梯和橙色荧光颜料，在未经许可的情况下，一天之内画了正反两面墙。在短暂的和平围观后，警察逮捕了他。当时适逢里根总统发起"向毒品宣战"运动，这幅墙画的出现引得包括美国全国广播公司（NBC）在内的大量媒体蜂拥而至。《纽约邮报》（New York Post）联系采访哈林，方知作者被捕，舆论大哗。当时力主"反毒品反涂鸦"的市长爱德华·科赫（Edward Koch）也不得不表态，"是要给哈林找个画画的地方了"，以致开庭的结果只是象征性地罚款一百美元了事。这幅画随后被当地人恶搞，涂改成支持毒品的版本，公园职员慌不择路，索性把整个墙面涂成了灰色，又觉不妥，联系哈林是否愿意再画，才有了现在看到的样子。这幅画和他之后创作的"非礼勿视、非礼勿听、非礼勿言"系列公共艺术作品，将政府回避种族隔离、艾滋病防治和毒品泛滥的懒政丑态暴露在阳光之下。1990年，31岁的哈林因艾滋病离世。然而，他的展览每天都在进行着，因为他创作的媒介，是这座城市，它们不仅涂抹在墙壁上，也渗入了城市的肌理。

　　档案显示，向最终用户分发毒品（主要是低浓度的"白面儿"，Crack指的就是这一种），主要发生在以纽约为首的城市的低收入街区，毒品成为这些地区社会经济结构中的要素，暴力和欺诈成为常态，并进一步加快了社会的贫富分化。在哈林艺术高峰期的20世纪80年代初到90年代初，美国各大城市的毒品滥用爆发性流行，导致暴力犯罪升级和更为强硬的警察执法。很多当地老人都说，如果是在上个世纪的50至70年代，像我这样在晚上独自上街是不可想象的；80年代和90年代，也是很不安全的。

我以为历史已经过去，直到我看见了布噶（Booga）的像。这个年轻人的面孔占据了杂货铺的整面侧墙，我留意到画上的生卒年份，发现他不到24岁就死了。地上几十只蜡烛都有点燃过的痕迹，左边一棵塑料圣诞树遮挡了一行文字，挪开后发现是"停止暴力"。正在我狐疑之时，一个中年妇女走过来搭讪，她用夹杂着西班牙语的英文告诉我，这个布噶就住在对街的那幢公屋里，他们在电梯里见过，后来他被警察开枪打死了。他的生日在圣诞节，所以这些天有不少邻居和亲友都来看过他。但她不知道他的死因。这会是又一起平民抗议警察暴力执法的案例吗？

循着画面上给出的蛛丝马迹，我在2012年4月13日的《纽约日报》上找到了新闻：鲁道夫·怀亚特（Rudolph Wyatt）诨名"布噶"，12日午间持枪抢劫离家很近的一家药房，抢得300美元现钞并勒令药剂师给他两种30毫克高度致瘾的止痛药。在巡警搜捕过程中，他三次扣动扳机，但都卡膛。恰有配枪退休警察经过，从马路对面将其当场击毙。我还找到另外一些信息：布噶是当地黑社会"血帮""只管要钱"支队的成员，曾11次被捕，还被怀疑在此次案发前一个半月内在纽约的2个区4次抢劫药房（毒品），在另一个州6次枪击一名19岁的少年；在东哈莱姆，9次枪击同一受害者，向另一人点射而致其背部和面部各中 15 枪和 10 枪。他的父亲在一起驾车枪战中被击毙，他的叔叔在警察追捕时从楼顶坠亡。我甚至在几个网站上找到了事发时的视频，后面的跟帖更引起我的关注："这种恶棍还在街上晃悠，是因为没人愿意付一年 5 万美金把他们逮起来。但愿在他们带走更多无辜者之前就在作恶时被击毙吧！""如果退休警察是白人，我盼望他以后还能执法，但要趁着媒体还没有改变风头。""在美国每年平均有 1200 人被警察谋杀，而英国警察 24 年间只杀了 55 人。美国警察真是几天干过人家几年啊！"

这就是众声喧哗的东哈莱姆。在 105 街的布噶画像上，写着"就这么晃悠下去吧"和"他永远荣耀地活在后来者的心里"，时不时还有蜡烛在烧。这条路也是巡警的工作路线，警察和辅警在这个街区密集巡逻；119 街的那间药房继续营业，警察做掩体的对街加油站还是车来车往；三名疑似被布噶枪击过的受害者都还活着，其中两名就住在他生前居住过的政府提供给赤贫者的最廉价的公屋里。

你必须直面东哈莱姆的这些逻辑。我眼见着一幅墙画出现在暴雪之后一步之遥的街口——"你们论抢，咱就使枪"（You loot，We shoot），西装革履的白人戴着"纽约证券交易所"（NYSE）的胸牌。不知道是不是这里的最大黑帮"拉丁王"所为。毒品、暴力和贫困总是交织在一起，因此不难理解为什么截至 2012 年的数据仍然显示，东哈莱姆是纽约市失业率最高的地区，少女怀孕、艾滋病、药物滥用、无家可归和哮喘发病的比例都是全国平均水平的 5 倍。我采访到的两名社工都证实，在她们工作的 2016 年，东哈莱姆有 22 个戒毒治疗项目、4 个无家可归者服务机构和 4 家生活救助站。

失学也因此成为这个社区的一大问题，"书本与孩子"是这个街区多幅墙画的主题。较大的一幅是去年创作的，选择的三本书对应着此地青少年的教育顽疾：《没有图画的书》是一本由知名滑稽演员编写的亲子朗读书，曾位居《纽约时报》畅销书排行榜首位；《帮助儿童学数学》这本小学生的数学辅导书到 2014 年为止已经印到了第 11 版；绘本《巴拉克·奥巴马：承诺之子、希望之子》，文字和插图作者都是获得过美国图书馆协会奖的非裔美国人。这幅墙画让我想起使"希望工程"引发更多关注的那张著名的照片《我要读书》。我在图书馆借到当地青少年的摄影集，配了诗，有一首说："我不谈论，因为我不想被谈论；不管人们说什么，关于我的面容。我不那么天真，我不那么勇敢；但我确实需要勇气，酷酷地走开去。"1997 年还在写诗的少年，现在也该接近不惑之年了吧。

东哈莱姆精神

62 岁的曼纽尔·维加（Manuel Vega）是波多黎各的第二代

移民，他在东哈莱姆的街头长大。我采访他，是在社区平价租给他的一间街面房里，他被允许在这里开办三个月的工作坊，教居民做马赛克玩儿。他在当地小有名气，仅仅在这个街区我就找到了他十多幅墙画和马赛克作品。我问曼纽尔：这里最有名的墙画是你画的吗？他一边哈哈大笑一边把我拉到了莱克星顿大道（Lexington Avenue）路口，四层楼高的《东哈莱姆精神》（*The Spirit of East Harlem*）赫然眼前。

1973 年，尚在普瑞特艺术学院（Pratt Institute）研读应用艺术的未来设计师和建筑师汉克·普鲁斯（Hank Prussing），带着只有 17 岁还是学徒的曼纽尔，开始创作这幅作品，历时 5 年完工。1973 年夏天，普鲁斯在这个街区拍下了邻居们的很多黑白照片，如今人们还可以在这堵高墙上的 53 幅肖像里依稀辨识出他们：牧师、寡言的酒窖老板、天天抱着弟弟转悠的姐姐、裤兜里插着双节棍的李小龙的粉丝、艺名叫"闪电"的西班牙语摇滚歌手、围坐一圈玩多米诺骨牌的街坊……1999 年，因墙体剥落，曼纽尔着手修复了东哈莱姆的这个地标，现在看又有点褪色了。这个街角还保留着城市的传统尺度，柴米油盐仍旧步行可达。曼纽尔说："这幅画是纪实的，1970 年代的邻里关系就是这样的。现在看，好怀念啊。不过，也有没变的，东哈莱姆最有意思的，还是这里的人。"

拉丁人有为亡者画"安息像"的习俗，在东哈莱姆街上不难

看到。曼纽尔就为社区做了不少名人像，他对马赛克工艺的偏好，使得灰暗的街道上不时闪现出明丽的色块。安托妮娅·潘多加（Antonia Pantoja）的马赛克像足有一人高，胸前挂着1996年克林顿总统颁发给她的"总统自由勋章"，她是第一位获得美国最高平民荣誉的波多黎各女性。22岁移民纽约的安托妮娅，1954年在哥伦比亚大学获得社会工作硕士学位，1961年创立了"励志社"（ASPIRA），现在已成为为拉丁裔青年提供职业学业指导以及财务及其他援助的最大的非营利组织，总部设在华盛顿特区，在美国的六个州和波多黎各都设有分部。1970年，她创立了以拉丁裔成人教育为主的私立玻利奎阿学院（Boricua college），在纽约有三个校区。1972年，在她的支持下，励志社向联邦法院提起诉讼，要求为拉丁裔学生提供过渡性的西班牙语课堂教学，获得通过，这是美国双语教育史上的重要里程碑。2002年安托妮娅去世，她的自传《梦想家回忆录》（*Memoir of a Visionary*）于同年出版。无疑，安托妮娅实现了她作为社会工作者和教育家的理想；但是，她作为女性主义者和人权领袖的梦想可能还有未尽之志。她在书中暗示自己是同性恋者，也讨论了为什么之前没有公开自己的性倾向。曼纽尔用金色的马赛克镶嵌上安托妮娅的名言："我就是我，我就是我的社区；是我的全部过往，也是我的所有将来。"

2004 年 3 月，佩德罗·彼得里（Pedro Pietri）离世，詹姆斯·维加当年就为他画了幅纪念肖像。他们和安托妮娅一样，同是"新波多黎各人"（Ruyorican），这是一个原本带有歧视意味的新造词语，专指移民到纽约的波多黎各人的后裔。要把这位前辈老乡描画清楚不是件容易的事。彼得里是诗人、剧作家、波多黎各移民、东哈莱姆居民、越战老兵，重要的是，他是"新波多黎各人运动"（Ruyorican Movement）的发起人。彼得里怀有社会主义理想，主张民族自决，同时他对自己用诗歌动员起来的群众运动尤其是武装革命又是怀疑的，"庸众都是蠢驴"。他不断强调宽容和保持人性的重要性，呼吁知识分子保持思想自由。他对宗教不甚恭敬甚至有些嘲讽，但他自称"牧师"，习惯手握一个巨大的可折叠的十字架，穿着黑色长袍在社区里特立独行。他的葬礼在离画像 7 条街的第一西班牙卫理公会教堂举行，这个古老的教堂曾在 1969 年被他年轻时参加的一个激进青年革命党占领并更名为"第一人民教堂"。在教堂里，这个 3 岁就移民到曼哈顿的少年，跟随姨妈做过礼拜、演过话剧；1969 年，他在这个所谓"人民教堂"里，朗诵了代表作《波多黎各的讣闻》（*Puerto Rican Obituary*），有几句非常触目——纽约的波多黎各人"来自紧张衰败的街道，那里老鼠生活得像百万富翁；而人却根本没有生活；他们死了，或者从未活着"。25岁的年轻领袖振臂疾呼——斗争、斗争、斗争啊！彼得里的大部分人生都在"与人斗"，他和这场由诗人、作家、音乐家、艺术家为主导的旨在带领劳苦大众反抗剥削和压迫的文化革命一样，幸与不幸，都很难用一句话来评说。

30多年前在曼哈顿东村开张的新波多黎各诗人咖啡馆（Ruyorican Poets Cafe），如今已是当仁不让的文艺时尚地标；巴里奥博物馆（El Museo del Barrio），四十多年后的功能也与社区俱乐部类似。彼得里曾经献身的革命仅存着不多的硕果，如今荡漾的全是世俗的欢快气息。只有在第二大道和105街这两条交通要道的交会处，切·格瓦拉（Che Guevara）和唐·佩德罗·阿尔维苏·坎波斯（Don Pedro Albizu Campos）还在冷眼面对着现实的车水马龙。前者可谓"中国人民的老朋友"，几代中国人都有他"血色浪漫"的记忆。这位古巴共产党、古巴共和国、古巴革命武装力量的主要缔造者和领导人，如今仍是西方左翼运动的象征，在流行文化里游走东西，傲娇地仰头在时髦的T恤衫上。左边是佩德罗的肖像，这位会六种语言的哈佛大学法学院高才生是波多黎各独立运动的领军人物，后来成为波多黎各民族主义党

▲《双翼》，原作者不详。1999 年由新波多黎各人艺术家联盟和波多黎各

社群（Ricanstruction Networks and Puerto Rico Collective）修复。（2018

年 1 月 23 日摄于第二大道和第三大道之间的东 105 街西侧）

的主席。他曾因策划武装起义推翻美国在波多黎各的政府而被监禁26年。他们在20世纪60年代相继离世，为第三世界共产革命运动抹上了悲壮的色彩；而这也正是"新波多黎各人运动"如火如荼的时期，呼吁民族自决和劳工权利系列的10幅墙画出现在纽约街头，如今剩下的却只有这幅《双翼》（*Dos Alas*）了。2011年在社区的努力下终于征得了业主许可，《双翼》作为革命文化遗产得以保存。上面题有拉丁美洲女诗人萝拉·罗德里格斯·德·蒂奥（Lala Rodriguez de Tio）的诗句："起来，波多黎各人！武装的号角已吹响；从梦中醒来吧，战斗的时刻已来临。来吧，古巴人。自由就在前方，砍刀才能带来自由。"每每走过，我总要驻足良久，这是多少我的同龄人似曾相识的路口。

在"新波多黎各人运动"中，音乐家是重要的旗手，拉丁人的能歌善舞提供了一呼百应的群众基础。20世纪20到60年代的萨尔萨音乐（Salsa Music）和八九十年代的自由式拉丁音乐（Latin freestyle Music），都在东哈莱姆找到了兴起的温热土壤，1960年代以来更是涌现出一批以铁托·普恩特（Tito Puente）为代表的拉丁音乐流行巨星。这位被称作"音乐教皇""拉丁音乐国王"的新波多黎各人，将舞曲风格的曼波（dance-oriented mambo）乐风和拉丁爵士乐（Latin jazz）糅合在一起，从此"新波多黎各人音乐"（Ruyoricon Music）就从这个街区传播到了全世界。110街如今用这位格莱美终生成就奖获得者的名字荣誉命名。这位东哈莱姆人心中的天之骄子离世已有 18 年，但他还在老地方，敲击着天巴鼓（Timbales），邀约着老街坊们《跟上我的节奏》（*Oye como va*），一起恰恰恰（cha-cha-cha。作者注：古巴音乐和拉丁爵士的混合，是铁托的标志曲风）。

西班牙哈莱姆有玫瑰

纽约地铁 6 号线 110 街站台的每个出口，都装饰着大型的马赛克墙画。1997 年受大都会运输署的委托，曼纽尔·维加设计了这个站台的四幅系列作品，取名为《110 街的星期六》。当年 40 岁的曼纽尔把地铁出口处他所熟悉的超市、花店、街道和社区最潮的乐手（包括普恩特的鼓手）都有名有姓地画了出来。如今虽已物是人非，但哪怕是在冬季严寒的午夜站台，还是能感受到 20 年前 110 街夏日午后的闷热气息：大杯的便宜刨冰，可以加各种艳丽的糖浆；消防龙头被淘气的小家伙们拧开冲凉，光着膀子的玩伴在街心赤脚疯闹……东哈莱姆街头始终弥漫着的，似乎永远都是如此这般"既丑陋难堪又愉悦怡人"的市井味道。

因为真实，生活就颇有质感。"我的心思不为谁而停留，而心总要为谁而跳动。"说这里是曼哈顿的"恶之花"，不仅没有冒犯之意，还多少有些溢于言表的妥帖。这个纽约的移民枢纽，就曾是一首歌里的花儿，"西班牙哈莱姆有玫瑰，月下水泥街头那

一边。柔弱甜蜜又梦幻，燃烧卿卿魄灵魂。让我把她摘一朵，种到花房两相看！"那朵玫瑰在哪里？拉丁裔和非裔美人儿，还有墨西哥的亡灵，戴着绯红玫瑰的表情比无辜还无辜。从 1960 年代黑人灵魂歌手和蓝调大师班·伊·金（Ben E. King）的首唱，到 1960 年代才出生的苏格兰民谣歌手蕾贝卡·碧瑾（Rebecca Pidgeon）的天籁人声，这首《西班牙哈莱姆》（*Spanish Harlem*）一直都是流行歌手歌坛至尊夺位的打卡曲目。英语、法语、德语、西班牙语、瑞典语和芬兰语，各种语言，各种改编，"西班牙哈莱姆黑色玫瑰""西班牙哈莱姆蒙娜丽莎"，总之，这朵西班牙哈莱姆的玫瑰，成了很多迷恋和迷惘、想念和想象、希望和失望的缘起。

墙画本身恐怕才是东哈莱姆的爱恨玫瑰，它们土生土长，根植于生活。106 街的东面有一座容纳着几个艺术家工作室的建筑，楼下是肯德基。艺术家玛利亚·多明戈斯（Maria Dominguez）带领同一条街上"琥珀特许学校"（Amber charter school）的孩子们，在肯德基的外墙上画了大幅墙画《在一起我们可以》（*Together We Can*），春光无限，万物和谐。两边清楚地写着包括肯德基在内的 6 个赞助人（单位）、6 位驻场艺术家、10 位学校教师、13 名学生的名字。青山常在，绿水长流。我愿意想象 2008 年在这里读幼儿园到小学五年级的小朋友，如今路过这里，会不会认得出自己画过的蝴蝶或青蛙？会不会找他们的小学老师去肯德基喝杯咖啡？

必须承认，墙画为这个社区建造了一座巨大的心灵档案馆，它们是几代人集体认知的见证。每个纽约人都可以在东哈莱姆找到草蛇灰线的关联，它们也因而成为这座城市不可移动的记忆纪念碑。2015 年，纽约承办国际性的"纪念碑艺术节"（Monument Art Festival），邀请世界各地的知名公共艺术家在以东哈莱姆为主的区域绘制大型墙画。这一活动成功催生了"比激进的表达更有诗意，比纯粹的审美更有远见"的"新墙画主义"（New Muralism），将东哈莱姆的墙画从主题到艺术形式，都提升到了世界前瞻性水平。比利时街头艺术家罗阿（ROA）以他标志性的黑白动物画风在差不多十层楼高的整面墙上，白描了四种在地动物，以呼应环保、移民主题并激发对当地历史文化的想象。在这惟妙惟肖的巨大的野生动物身体底下穿行，真有些汗毛凛凛。是啊，这究竟是谁的地盘谁的地球？其冷峻与前卫，在东哈莱姆一骑绝尘。

艺名为"信念47"（Faith 47）的阿根廷艺术家和墨西哥的墙画家塞戈（Sego）在同一面墙上分别绘制了同一主题的两幅作品，直面移民和欧洲难民危机的世界性难题。塞戈的灵感是哈德逊河口的自由女神像，他剥去了神像氧化铜的外衣，用印第安人的鸟羽头饰替代了王冠上的剑芒。这是一幅深刻反思的作品，纽约是否还是那个欢迎移民的历史港口？在印第安原住民面前，谁才是所谓移民？自由是否还可以引导人民？左边镂空描画的，是无垠的天空中自由飞翔的鸟群，鸟儿围成的圆圈下写着西班牙语的"我们彼此相容"（estamos todos los que cabemos）。作为西班牙裔阿根廷人，"信念47"觉得他的父母当年是择良木而栖。人和动物都有迁徙的天性，鸟儿无忧无虑地飞来飞去，人却被一张签证荒诞地限制着自由。

加缪说："艺术的目的不在立法和统治，而首先在于理解。"纽约是座不折不扣的移民之城，也不失为各种文化共处而并无大碍的范例。作家埃尔文·布鲁克斯·怀特（Elwyn Brooks White）是纽约人，也是《纽约客》的主要作者，他在散文《这就是纽约》里说，是移民点燃了这座"雄心之城"的激情，"造就了纽约的敏感、它的诗意、它对艺术的执着，连同它无可比拟的种种辉煌"。"纽约公民的宽容，不仅是天性，而且是必须。这座城市

▲左边的作者是"信念47",右边的作者是塞戈,绘制于2015年。(2018年4月11日摄于东104街和东105街之间麦迪逊大道西)

必须保持宽容，否则就会在仇恨、怨愤和偏执的辐射云中爆炸。纽约郁积了各类种族问题，但引人瞩目的不是这些问题，而是大家相安无事。"这段话与其说是在评说纽约，不如说是在解释纽约的移民之源东哈莱姆的种种，在解说她的苦痛和她的玫瑰、她的来路和她的去处、她的精神和她的尊严。

第二大道和 117 街的东北角曾有一家老旧的墨西哥餐厅，也是一家墨西哥舞蹈俱乐部。外墙上本有东哈莱姆第一幅墨西哥人绘制的墙画，画面据说非常"墨西哥"，模仿了赫赫有名的壁画大师迭戈·里维拉（Diego Rivera）的风格，有墨西哥人耳熟能详的南方民族解放战争期间的口号。我去寻访的时候，迎面而来的是推土机的轰鸣，连地基都挖出了深坑。"逝者如斯夫，不舍昼夜"，我没办法沿着时光之河溯流而上，这堵墙究竟是什么样子，我将永远不得而知。真实的城市是发生过真切的爱恨情仇的地方，我很庆幸在这里还是找到了跨越七十年的片羽光影，借着它们串联出这座大都会挂一漏万的过往。一座城池于是醒了过来，翻出她的老相册给我细看。直面历史需要勇气，对于历史的创造者如此，对于历史的后来人也是如此。

我甚至觉得纽约是因为有东哈莱姆这样的街区，而成就了其作为全球卓越城市的伟大，它为共同体、价值观、人权、移民、民族国家、文化遗产等重要领域的理论探索，提供了生动的共时场域；也为政治、经济、文化、宗教等诸多因素之间的博弈与宽容、沟通与理解，展现了历时的实践案例；更在最广泛的群体、个人以及他们的生命记忆面前，保守着诚挚的"温情与敬意"。面对开发奇迹带来的遗忘代价，我更加敬佩且珍爱东哈莱姆这层累交织又历历在目的"饱经风霜的容颜"。

就像夏尔·波德莱尔（Charles Pierre Baudelaire）说的，"你我终将行踪不明，但你该知道我曾因你动情"。

2018 年 3 月 12 日初稿于纽约曼哈顿东哈莱姆 109 街

2018 年 4 月 13 日修订于上海丽娃河畔

补记

纽约市博物馆（Museum of the City of New York）2023 年 12 月 8 日至 2025 年 1 月 6 日，举办"拜占庭本贝：曼尼·维加的纽约"（Byzantine Bembé：New York by Manny Vega）个展，作为该馆成立百年庆典系列活动的最后一项特展。曼尼·维加是曼纽尔·维加（Manuel Vega，1956—）的昵称，他在 1970 年代参与了《东哈莱姆精神》墙画的首绘，之后的半个世纪里在东哈莱姆暨巴里奥街区创作了大量公共艺术作品，该馆官网有精准但略带学院派的评价："如果没有曼尼·维加的作品，穿行在纽约市博物馆所在地的巴里奥的街巷里，感觉会极为不同。他的马赛克和墙画装饰着整个街区的街道墙面、地铁站、文化中心和商铺店面。维加善于与品味高雅或喜好奇观的各种群体打交道，而这些人又是极其多样且快速流动的。他的风格被称为'拜占庭嘻哈'，因为他在技术上毫不妥协，既有地中海老式工艺制作的马赛克，又有电光石火般超细线条构成的水笔画"。平民曼尼终于在纽约的主流文化机构登堂入室。

创立于1923年的纽约市博物馆是非营利机构，倾力于纽约城和纽约人的故事，为身为少数族裔的波多黎各移民二代的曼尼做个展，当然在情理之中；但民间艺术从业者的个展动用超过一年的展馆空间，在纽约非民俗类的专业博物馆界还是罕见的，这就恐怕是支持"DEI运动"的姿态了。DEI是"多元、平等和包容"（Diversity, Equity, and Inclusion）的英文缩写，这是一个和族群问题相关的概念，渗透到美国政治、经济、教育、文化和社会生活的方方面面。

外来移民构成了美国这一现代史上的移民国家，美国从独立前驱逐原住民、贩运黑人到南北战争后种族隔离政策的演变，经历了代价巨大的革命，才迈向现代文明。20世纪初开始，族群关系的"大熔炉"成为"美国梦"引以为豪的时代隐喻。1970年代以来，与之相反的"色拉碗"模式被提倡，美国社会在"平权行动计划"上投入了惊人的人力物力。进入21世纪以后，DEI开始流行，许多美国企业和高校开设DEI岗位。然而，政策上长期的矫枉过正被认为导致了所谓"逆向歧视"，特别是针对白人男性和亚裔；批评者认为 DEI 已经成为一种意识形态或政治议程，得克萨斯州较先立法从 2024 年起禁止在公立高校设立 DEI 办公室，目前已有 9 个州禁止就业过程中依从 DEI "规矩"；最高法院 2023 年在针对哈佛大学招生的诉讼裁定中，认为哈佛录取学生的做法"以负面的方式使用种族因素，涉及种族刻板印象"。2020 年代以来看似理想的 DEI 多元主义，在实践上遭遇更多争议，成为美国政治的关注点。

2024 年 6 月 6 日记于纽约市博物馆咖啡吧

戴任何色彩的眼镜——粉红、正红、粉蓝、正蓝——来看纽约的人不久总会发现纽约要比他们想象的更现实、更有人情味、更荒谬、更残酷、更丰富，而且反过来说也有道理。

——张北海（《我爱纽约》，2006）

一切都有裂痕

2018 年 7—9 月

纽约是个碎片。曼哈顿、布鲁克林、布朗克斯、皇后、史泰登岛，五块拼图，桥梁和隧道把它们连起来。但老纽约客也迷路，也抓狂，这些年里，路名越改越多。

去年冬天，老纽约客在塔潘·齐（Tappan Zee）大桥上集会，抗议带有荷兰开拓者和印第安原住民意涵的老名，在用了六十多年后，突然被官方改成了"马里奥·科莫州长（Governor Mario M. Cuomo）大桥"，此君是前任州长，也是作为民主党人的现任州长的亲爹。纽约城市地标曼哈顿市政大楼在矗立了百岁之际，也在2015年被改了名，现在叫"大卫·丁金斯（David Dinkins）市政大楼"，他是纽约第一位也是目前唯一的黑人市长、民主党人。纽约掩饰不住自己的优越感，政治领袖、商务精英、文人雅士，风云际会；纽约是民主党人的蓝色版图，永远"文化先进"，永远"政治正确"。但物极必反，一切都无定数。你很难依恋某个特定的场景，这才是纽约的现实之处——它不羁浪荡，是一堆碎片。

不确定"性"

纽约除了不确定性，一无所有。其实连"性"，在纽约也未必可以确定。今年夏天去哥伦比亚大学拜访人类学的前辈老教授孔迈隆（Myron Cohen）时，确实在该校的厕所门上看见过贴条："请选用最适合你社会性别的厕所。查询校内中性厕所，请见下列网站或下载下列应用软件。"这座顶级学府显然没把特朗普（Donald Trump）放在眼里，他在去年2月就推翻了奥巴马的"跨性别厕所令"，后者曾要求"各公立学校""允许学生根据自己认定的性别，不必依照出生时的生理性别来使用卫生间和更衣室"。美国很多地方随即冒出不少标有"任意性别"（whichever）标志的厕所，我倒觉得还不如写上汉语的"随便"来得爽。

去年冬天，我去曼哈顿上城一所知名小学听课，家长们大多是银行白领，一进学校，教务长就提醒我，该校在建设"性别包容性（gender inclusive）学校"，"男孩"和"女孩"属于禁忌语。"那我怎么说呢？""你一定要说那个意思，就说'穿蓝色衣服的'和'穿粉色衣服的'。"我学过社会语言学，但还是有点不明白，"那么，如果他们都喜欢穿蓝色衣服呢？"当我听说"爸爸""妈妈"这两个词因为可能会出现性别诱导，也在禁忌之列时，我第一次困惑于作为读书人曾经相当尊重过的纽约的"政治正确"了。带着诲人不倦的教务长对我的深刻担忧，我去到我的调查点，讲给建筑工地上的波兰裔工人们听，没料到他们直接就不礼貌了：我不是我妈生的，难道是他妈养的？

当你觉得纽约可以如此这般"随便（任意性别）"的时候，

GENDER-NEUTRAL RESTROOMS

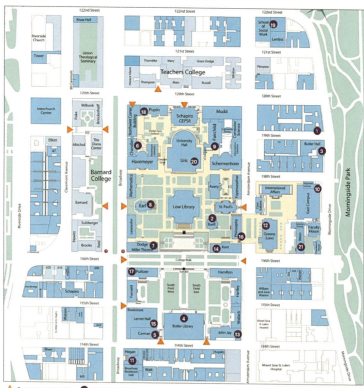

▲ Campus entry points   ● Gender-neutral restrooms

1. 90 Morningside Drive—100 ♿ Level
   Residential and Commercial
   Operations Suite
2. Buell Hall—100 ♿ & 200 Levels
3. Butler Hall—100 Level
   Office of the EVP Facilities Suite
4. Butler Library—800 & 900 Level Stacks
5. Carman Hall—100 ♿ Level
6. Chandler Hall—700 ♿ & 800 Levels
7. Dodge Hall—700 Level

8. Earl Hall—100 ♿ Level
9. Fairchild Hall—600 ♿ Level
   (CUID swipe access is required)
10. Heyman Center—Basement ♿ &
    100 ♿ Levels
11. Hogan Hall—Basement ♿ Level
    (CUID swipe access is required)
12. Jerome Greene Hall—200 (Library) ♿
    & 300 ♿ Levels
13. John Jay Hall—200 ♿ Level

14. Kent Hall—600 ♿ Level
15. Lerner Hall—200 & 500 ♿ Levels
16. Philosophy Hall—400 ♿ Level
17. Pulitzer Hall—800 Level
18. Pupin Hall—100 ♿ & 500 Levels
19. School of Social Work—300 ♿ Level
20. Uris Hall—100 ♿ Level
21. Wien Hall—100 ♿ Level
    Disability Services Suite

也有人相当郑重地确定起女性的生理性别来。"我也是"（Me too）运动在《纽约客》点燃了燎原之火，噤若寒蝉的男人们从去岁寒秋一片片凋零，到今夏，故事突然有趣了起来。其中的关键人物女演员艾莎·阿基多（Asia Argento）在 2017 年 5 月的戛纳电影节演讲，细节丰满地指控有"国际地位和声誉"的导演韦恩斯坦（Harvey Weinstein）性侵；然而今年 8 月的《纽约时报》报道，她向指控她性侵的时年 17 岁的少年，支付了 38 万美元的封口费。"性暴力是关于权力和特权的。即使作恶者是你最喜欢的女演员、活动人士或教授，这一点也不会改变。""我也是"运动的发起人塔拉纳·伯克（Tarana Burke）毫不犹豫地声明这般，而运动领袖罗斯·麦高恩（Rose McGown）却为她的战友打起了圆场："我们谁都不清楚事情的真相，会有新情况被揭露出来的。

◀上图为 2018 年 6 月 28 日从纽约哥伦比亚大学官网下载的"性别中立厕所地图"，标有校园内 21 个"社会性别中立厕所"的所在地。下图是 2019 年 3 月 6 日摄于该校社会工作学院所在教学楼层厕所门口的标志，在"女性"图标的左侧写着"哥伦比亚大学社会工作学院欢迎所有性别的个体，欢迎你使用与你的性别认同一致的厕所"。以哥伦比亚大学为代表的常青藤大学在美国当下性别议题中的立场和作用，可见一斑。

还是和善些吧。"然而，好玩的是，她也曾经说："与已知的施害者共事过的人，只需做三件简单的事：相信幸存者，为把工作和钱包置于正义之前而道歉，狠狠痛击并谴责。如果做不到，你就是道德的懦夫。"纽约大学今夏也有反转的戏码。女权主义教授阿维塔尔·罗内尔（Avital Ronell）被她的前研究生、男同性恋者指控长期性骚扰，校方调查后暂停了她的工作。随即，学界最著名的女权主义者们联名上书，认为她们心中"优雅、机敏和有智识担当"的女教授，"理应得到与其国际地位和声誉相当的特权"。

在掌握所有事实之前，人们应该如何严肃对待一个人名誉和职业生涯毁灭的可能？如何不论男女或置男女于度外，都能始终保持清醒的理性？乃至说确保头脑与生殖器的必须分离或者不可分离——我们以为自己是理性的，一言一行都有其道理，但事实上，我们大部分的行为都有我们根本无法了解的隐蔽的动机。

暴力的欢愉

《欲望都市》（Sex and the City）里活色生香的纽约，迷幻着曾经中年危机的我们。里面的米兰达，情理之中意料之外地与酒保恋爱，还从曼哈顿搬去了布鲁克林。我因此知道了布鲁克林是工人阶级的聚居地。开播 20 年后，饰演米兰达的尼克松女士非常纽约地携女友高调出柜，竞选纽约州长；而布鲁克林高楼拔起，成了新晋的小清新地标。房租高企与时尚新潮，曼哈顿和布鲁克林一拒一迎，越来越多的千禧一族涌向后者，也和当年的米兰达一样，在灰蒙蒙的本地平民里晃着眼——年轻人的理想主义和中年人的现实主义互相看不上眼。对视之下，在纽约画星条旗的民间画家斯科特·勒贝多（Scott LoBaido）直接在旗帜上吼了出来："不要踩着我！"一项民意调查发现，在18岁到24岁的美国青年中，支持社会主义的比支持资本主义的要多，这我是信的，但我不确信美国年轻人的左派激进主义和我这个中国中年妇女生活其间的主义是不是同一个主义。

从去年夏天开始，美国就弥漫起类似文化"清算"的热风。多地拆除了南北战争中联盟军将军罗伯特·李的雕像，弗吉尼亚为此发生骚乱并出现人员伤亡。去年9月，中央公园内的哥伦布雕像遭到污损，底座刷上了"仇恨不可以被宽恕"，并有威胁性的语句"还会有事发生"；10月，自然历史博物馆门前矗立了78年的前总统罗斯福的雕像底座被泼了红漆。前者被指启动了欧洲对美洲的殖民统治，后者因有过"白人优越"的表述而被认定为"纽约白人霸权最显著的象征"。

从历史长河里被拖出来孤零零地示众，历史人物瞬间变成了"争议人物"，甚至被批评有过涉嫌种族灭绝的法西斯行径。对某些美国人而言的"开国元勋"无非是另一些人的"大奴隶主"。

特朗普道出美国人的难堪："难道我们还打算把华盛顿和杰斐逊的雕像也拆除了吗？"有人怀疑这些都是"反法西斯运动组织"（Antifa）所为，这是美国一个自定义的反法西斯激进组织，他们使用直接行动，骚扰他们认定为属于法西斯主义、种族主义和右翼极端的人。他们既在网上"文斗"，又在线下"武斗"，"文攻武卫，针锋相对"，历史的余音袅袅不绝。

"暴力的欢愉，终将导致暴力的结局"，莎士比亚写下这句话，是否也指文化的简单粗暴呢？一个极端的例子是美国国旗竟然也成为被"革命"的对象。福克斯新闻频道8月21日报道，一位名叫保罗的民主党男子在俄勒冈州波特兰市参加反右翼集会时，被击裂头骨，原因是他扛着一个"法西斯标记"——星条旗！保罗觉得共和党人爱用国旗以至于国旗要变成他们的了，"民主党人要把它夺回来"，但他恐怕"太傻太天真"了。他的国旗被两名黑衣蒙面的"反法组"成员夺下，另一蒙面者用黑布袋中的钝器把他的头盖骨敲裂了10厘米。就连纽约的共和党飞地史泰登岛，星条旗也渐成被撕毁和争夺的对象。当地日报《史泰登前进报》去年夏天就报道过岛上的盗毁国旗事件，监控显示多名青年用镜子遮住面部，三人一组撕扯下社区居民家门口的国旗。今年8月17日，报纸上赫然出现了芳邻德利斯的大名和照片——他门前的国旗被人粗暴扯下，"我从1963年就住在这个社区，没跟人结过怨。警察不容易，我敬重他们。这些家伙怎么可以侵犯我的私人财产？"7月里，另一街区的托马斯家的旗杆被折断，几户街坊的星条旗都在半夜被扯下，勒贝多马上要给托马斯家的外墙全画上国旗，"看丫再怎么扯！"结果托马斯的太太有些害怕，毕竟家里还有三个很小的孩子。托马斯只能婉拒了勒贝多的好意，但在家门口插上了更多的国旗，包括一面加兹登旗，"不要踩着我！"整个街区的邻居也都如法炮制。原本宁静的街坊一时间旌旗猎猎，讲不好是喜感还是苍茫。

愤怒的"小鸟"

作为纽约文化主流的民主党或曰左派，正在将一切常识道德化，也倾向于把共和党或曰右派的某些言论仅仅当作是他们个人品质的败坏。《纽约时报》9月5日发表评论《我是特朗普政府内部抵抗势力的一分子》，编者按很生猛："今天采取了一个罕见的做法，刊登了一篇匿名观点文章"，来自"一名特朗普政府的高级官员"，该文称美国目前动荡的"问题的根源在于总统没有道德观念"，所以"他的政府中许多高级官员都从内部不懈努力，以挫败他的部分议程和最糟糕的倾向，而他还没有完全理解自己所处的这个困境"。特朗普在憋闷了半天之后被惊醒，在自己的推特放出"愤怒的小鸟"："所谓的'政府高级官员'真的存在吗，或者只是失败的《纽约时报》引用了另一个假消息来源？假

◀2018 年 8 月 6 日傍晚，民间艺术家勒贝多（左三）在史泰登岛哈里斯大道（Harris Avenue）一幢私人住宅的草坪上安装艺术装置"第 45 任美国总统（POTUS 45）"，用以支持特朗普参加 2020 年美国总统大选。房主路易（左二）和邻居们在帮忙。2019 年 6 月 29 日，我回访此地，发现草地上空无一物，路易告诉我，是在 2018 年圣诞节前被市政府勒令拆除的，理由是"住宅物业上的标志超过限定尺寸，还被罚款 3800 美元。我敢打赌，如果我杵的是个拜登的牌子，今天你就还能看见它"。

如这个匿名人士真的存在，为了国家安全起见，《纽约时报》必须把他交给政府！"

《时代》是全球发行量最大的新闻周刊，今年 7 月号的一期封面是：洪都拉斯小女孩叶连娜在特朗普总统面前号哭。这让人不由得心生怜悯，公众开始炮轰政府迫使骨肉分离的移民政策，但随即剧情反转，在美墨边境非法越境的这个洪都拉斯小孩被多方证实并未被带离过母亲身边。等到知道拍摄这名小女孩的摄影师约翰·摩尔（John Moore）是获得过普利策新闻摄影奖的高级记者时，等到仔细审阅了相关的美国法律和执法实情后，你肯定不会怀疑"在与理性的永恒冲突中，情绪从未失手"。封面照片是合成的，照片力图批评的事实也并不存在，那么《时代》周刊有没有误导读者的嫌疑呢？ 91 岁的房东老太太握着遥控器，从福克斯（FOX）转到全国广播（NBC），一个个频道转来转去，"真是活见久，如今怎么就一个台都没法看，一句话都不可信了呢？"

勒贝多今年夏天在朋友的院子里竖起了巨幅特朗普画像。房主路易·利库里（Louis Liquori）是名道路挖掘车司机，他告诉我："我特地装上了监控，邻居们也会帮我看着的。"我明白他指的是 2016 年 5 月选战正酣时，勒贝多竖过 4 米高的大"T"，支持特朗普，结果 8 月被人纵火，差点连那家业主的房子都给烧了。勒贝多告诉我，特朗普够义气、接地气，直接给他们打去电话，说"哥们儿，在史泰登岛上有我做靠山！"

认真想，谁又是谁的靠山呢？

裂痕与光

弗兰西斯·福山（Francis Fukuyama）教授在介绍其最新的政治学新著《身份》时指出："民主社会正断裂为按照日益狭窄的身份划分的碎片，这对社会作为一个整体展开商议和集体行动的可能性构成了威胁。在如今的许多民主国家，左派对构建范围更广的经济平等的关注减弱了，转而更多地关注如何促进各个边缘群体利益，如少数民族、移民、难民、妇女和 LGBT 群体。与此同时，右翼将其核心使命重新定义为对传统民族身份的爱国式维护，这种身份通常明显是与种族、族裔或宗教相关。"

坏事未必都是坏人干的，人类历史已经有过多少次断送于乌托邦之梦？

第五大道特朗普大厦前时有抗议者和支持者轮番上演各自的剧目，游人们也乐于以他们为背景，拍下最纽约的一幕。我不知道如何评价纽约人对特朗普的情感，能想到的只有勒庞在《乌合之众》里写下的句子："人们从未渴求过真理，他们对不合口味的证据视而不见。假如谬误对他们有诱惑力，他们更愿意崇拜谬误。谁向他们提供幻觉，谁就可以轻易地成为他们的主人；谁摧

▲ 2018 年 9 月 8 日傍晚 7 点半，史泰登岛轮渡上挤满了从曼哈顿下班回家的人。从船上眺望，自由女神像在阴云下依旧夺目。中间的楼群位于紧邻纽约市的新泽西州，右侧高楼密集处就是曼哈顿岛。

毁他们的幻觉，谁就会成为他们的牺牲品。"

纽约的这个夏天实在太闷热太躁乱了，各色媒体为我所用地断章取义，国会大法官卡瓦诺的确认听证会接近无赖骂街；9月6日傍晚马克·莱文（Mark Levin）在美国广播公司（ABC）的脱口秀里，抨击着《纽约时报》匿名信以及相关做派的"深刻危害和十足流氓"。这个写过《自由与暴政》的百万量级畅销书作者直言不讳："我不管特朗普是谁，他是谁不重要，重要的是美国的三权分立的体制。左派的激进主义正在败坏体制，撕毁美国。我捍卫的是自由，这是这个国家的基石。"他每天傍晚都这样吼两个小时，中气十足。当我准备收笔的时候，收音机里传来另一种金灿灿的气力：9月3日，耐克公司发布最新视频广告，以反对美国国旗而出名的卡佩尼克（Colin Kaepernick）为其配音，广告中的他不像运动员，更像是呼喊口号的"革命者"，他的两句台词是："去相信，哪怕牺牲一切。""不要问你的梦想是否疯狂，要问是否彻底疯狂。"为有牺牲多壮志，争议人物倒真是自带流量的，哪怕是在美国的劳动节假期。耐克真是"想做就做"（Just do it）的——资本的逻辑一如资本的贪婪，政治的逻辑一如政治的凶残。

纽约的一群语言爱好者做过一项有意思的调研，发现在这个超级都市中，正在使用着的语言超过八百种，难怪纽约有其无与伦比的嘈杂。想想因为语言的不通，人类永远无法建成通向天堂的巴别塔，而在纽约更是难上加难的时候，心里就难免悲伤，甚至烦躁。好在每次从史泰登岛到曼哈顿，到圣乔治码头乘坐渡轮，船行至纽约湾，辽阔的水面总会一下子让人安静下来。靠近自由岛的时候，还能非常清晰地看见自由女神像，那真是难以名状的惆怅与安慰。

"思想解放与人身自由"（liberal and freedom）是美国人常常挂在嘴边的熟语，这两个英文单词都可以翻译成"自由"，而"自由女神"（Statue of Liberty）其实更多指的是"思想的自由"。纽约的不确定性，恐怕就是她思想解放的产物，破坏的动能与撕裂的张力，生成了这座城市让你如此愤怒又如此感动的丰富与激情。

也好吧，就像莱昂纳德·科恩（Leonard Cohen）唱的，"一切都有裂痕，这才是光照进的方式"。

2018 年 9 月 6 日于纽约史泰登岛阳台湾（Bay Terrace）

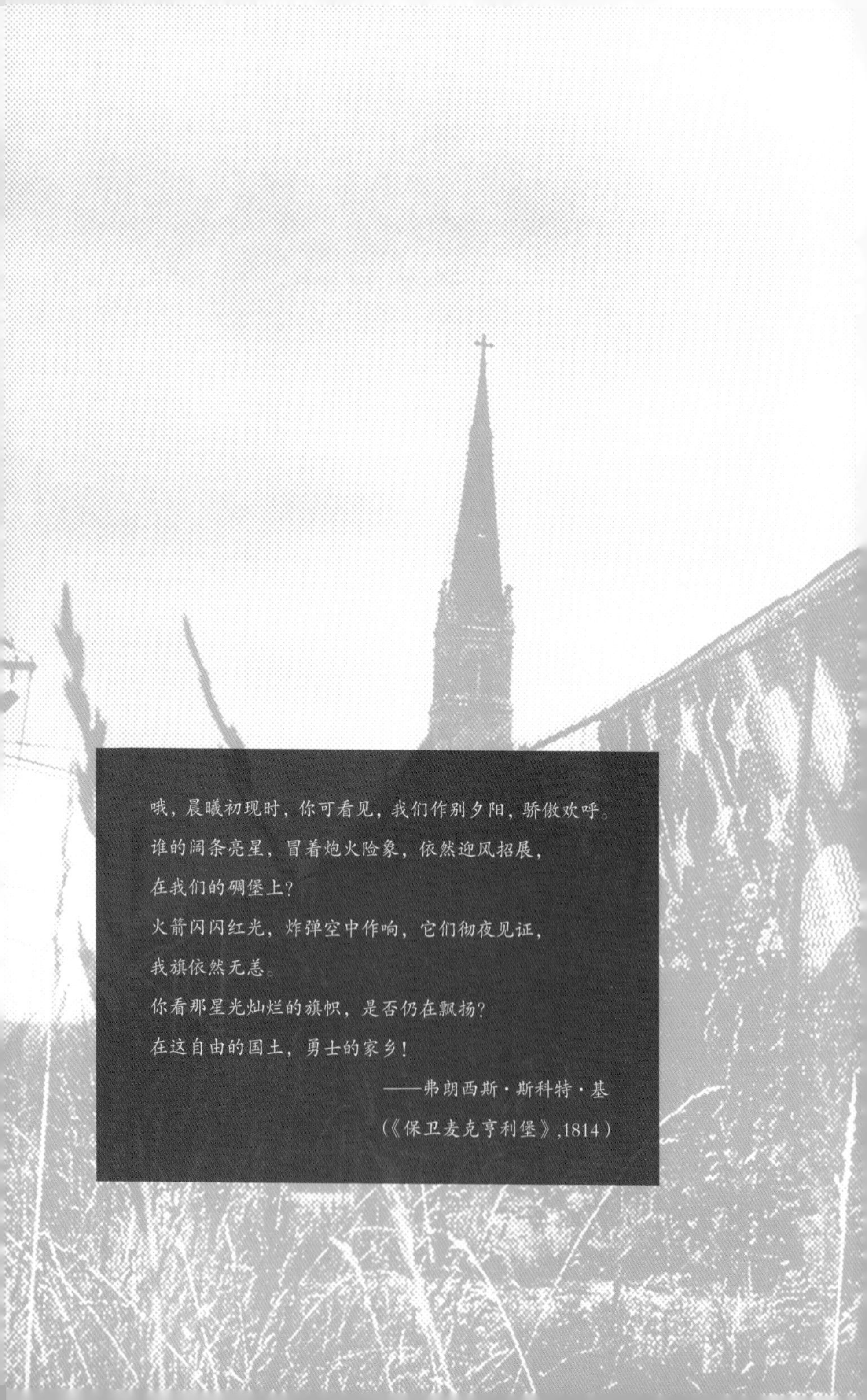

哦，晨曦初现时，你可看见，我们作别夕阳，骄傲欢呼。

谁的阔条亮星，冒着炮火险象，依然迎风招展，

在我们的碉堡上？

火箭闪闪红光，炸弹空中作响，它们彻夜见证，

我旗依然无恙。

你看那星光灿烂的旗帜，是否仍在飘扬？

在这自由的国土，勇士的家乡！

——弗朗西斯·斯科特·基

（《保卫麦克亨利堡》,1814）

纽约的异见者

2018 年 7—9 月

纽约仲夏的傍晚，我斜跨在"达诺义"（Da Noi）餐馆的吧凳上等人。在很多有些戏谑的报道里，我都读到那个叫斯科特·勒贝多的美国民间画家，是有点特别的："哥们就一直男，抽万宝路、喝马提尼、爱女人们。我就画星条旗，碍着谁了？那是世界上最性感的作品，我心里的蒙娜丽莎。"

勒贝多是第四代意大利裔美国人，这家意式家庭餐馆是他的据点，墙上挂着他的两幅画作，明码标价。其中一幅4500美元，美国国旗图案被六列新闻照片连缀起来，从独立战争、内战到一战、二战直至朝鲜战争和越战，题目比较抒情——《为奶和蜜而献的血》。几乎相同的画面、材质和手法，不能不让我想起贾斯培·琼斯（Jasper Johns）1945年画的《旗帜》，在现代艺术博物馆攒动的人头之后，不露声色的，是艺术家酷酷的炫技之作；相比之下，勒贝多是有倾诉欲和情绪的。这个53岁的男人，驾着雪佛兰越野车，美国50个州跑过画过好几遍。2010年的7月4日，在休斯敦霍比机场旁的一家公司的屋顶，勒贝多献上了1.5万平方英尺的"昔日辉煌（old glory，美国人对国旗的昵称）"，两个足球场那么大的国庆献礼让休斯敦热情满怀。

美国很多地方一如得州，国旗都是爱国主义和文化认同的象征，总归是高尚的，至少是安全的。但在纽约，情形微妙了起来。勒贝多画星条旗二十多年，主要是在史泰登岛上，画了几百幅的墙画，他也因此小有声名，是"最知名的岛民"；但也备受争议，甚至十多次被拘捕，而让他最恼火的还是至今进不了纽约的正规画廊。

走进来的勒贝多，确实比较荷尔蒙，结实健硕，远远地伸出手来狠握了两下，但不是媒体里一贯见到的怒发冲冠的样子，并且拒绝了我为他点马提尼酒，"今天哥不在状态，我不喜欢自己这样式干净地和人闲扯。还有，我的狗走了，花了3万还是永别了。"这个母亲和女友都是自由党人的共和党支持者，这个没有孩子把小狗当孩子的纽约人，莫不是有些寂寥？

一条蓝色的裂痕

握手的时候，我一眼瞥见他右掌心里用碳水笔写着"22"。"美国每天平均有22位老兵自杀。每天早晨我都写一次，提醒自己有多幸运，而这个数字又是多么可悲和可怕。我太理解这种压力了，这个国家和它的媒体热衷报道悲剧，却不屑于给我们时代的真英雄三个字。"不难理解，为什么退伍老兵、现役警察和消防队员会是勒贝多数百万捐款的主要受益人，也是他画国旗最多致敬的对象。但如此明确的表态在纽约会有向权力献媚的嫌疑，会因为与《纽约时报》为代表的主流文化中类似反战等"政治正确"的观念相左而招致批评。

2016 年 7 月 5 日至 6 日，美国路易斯安那州和明尼苏达州接连发生两起白人警察枪杀黑人男子的案件。7 日，全国性的示威游行爆发，得克萨斯州的达拉斯市也在晚间举行了近千人的抗议活动，当时有 100 名警察维持治安。在示威进行中退伍军人（黑人）迈卡·约翰逊（Micah X. Johnson）向白人警察开枪，造成 5 名警官死亡，后被遥控炸弹机器人炸死。

2016 年 7 月 10 日，勒贝多在史泰登岛闹市中心绘制了一幅巨大的《细蓝线》（*the thin blue line*），倒置的旗帜上旋转的线条代表着连绵不绝的泪水。中间深蓝色的"细蓝线"相当醒目——"细蓝线"原是执法用语，象征性地表明执法是在秩序与失范之间、犯罪与受害之间的壁垒，后来常被警察用来自指或表达对警察的支持，成为警察和消防队员的视觉代号。23 日，勒贝多在环游 50 个州的路上发布脸书，征集在达拉斯可用于作画的墙面并得到积极回应，30 日就完成了一幅更大的作品。8 月 1 日晚，当地警察开着警车列队，在蓝色国旗的墙画前点燃了蜡烛——"警察的命也是命"（Blue lives matter）！

"警察的命也是命"是"细蓝线"的旗语，是用 2014 年被一名黑人惯犯枪杀的两名无辜纽约警察的命（其中一位是华裔警官李文健）换来的，套用了 2013 年发起的"黑人的命也是命"（Black lives matter，汉语也有译为"黑命贵""黑命攸关"）的

▲《细蓝线》，斯科特·勒贝多作于 2016 年。（2018 年 7 月 17 日摄于史泰登岛奥提斯大道 257—317 号外墙）

运动口号。但是在纽约，这样公开的表达是要担风险的，因而勒贝多的墙画甚至有些悲壮的意味。难道不是所有的命都是命吗？一项抗议美国司法中的种族歧视和执法过度的运动，演化成这样的对立，让人怎不唏嘘？

达拉斯事件是本世纪美国发生的针对执法人员死伤最大的单一案件。集会人群中有二三十人携带了步枪和手枪，案犯枪响后，敌我难辨，警方动用机器人杀死嫌犯，这在美国历史上是第一次。得州当年早些时候公开持枪刚刚合法化，合法持枪的州升至 45 个；年中即遭遇惨案，"公民的持枪权"成为吊诡辩题。翻阅当年的报纸，可在 11 日的《纽约时报》上找到时任总统奥巴马的悼词，"我们并没有所见的如此撕裂"（新闻标题），本质上是"疯狂的暴力和种族仇恨"，暴露了"美国民主的断层线"。这些说法还是太修辞了，既然裂痕已然看得见，又如何佯装亲密无间？

鲍勃·迪伦唱了 50 多年："答案在风中飘摇，答案在风中飘摇。多少人死后人们才能知道，无数的性命已抛？"

不要踩着我

车停在纽约布鲁克林高架线下的巨大阴影里，街对面，塔吊和砂砾堆生硬地祖露在盛夏的烈日里。前面是纽约孟加拉国伊斯兰清真寺，门外聚着一群套着素色袍子的男女在叙谈，数名哈西迪犹太教徒穿着棉袍戴着厚圆毛帽低头急行。我略略有些时空恍惚，好在几个塞着耳机绷紧着细腿裤的白人青年，盯着手机像越过路障一般越过了我；而让我确知自己是在当下的纽约和纽约的当下的，却是面前的墙画《不要踩着我》(*Don't tread on me*)。

真蒂莱（Gentile）先生有一处亚麻仓库，也许是觉得这个街区太过老旧沉闷，他请勒贝多在外墙上画了星条旗，差不多 12 米长，7 米高。

2012 年 5 月 14 日凌晨 1 点，监控显示一名穿着套头衫的年轻人在美国国旗上喷上了黑字："爱国主义让我恶心"(Patriotism Makes Me Sick)。《布鲁克林日报》23 日发了配图新闻，下面的跟帖纷杂，大致两派：反对派说"这该不是占领华尔街的那帮家伙派出的游击队吧？他们太热衷反对国家了。那些'白左'怎么就那么讨厌祖国，非要搞什么全球化呢？"支持者也义正词严："这个涂鸦干得好！他'破坏'什么了？我的国满世界地轰炸妇孺、屠杀平民，屁民还在允许政府通过国防授权法案这样的荒唐大单，这就'爱国主义'了？"

在纽约，"爱国主义"的确是个有争议的词语。比如纽约是美国数量众多的"庇护城市"(Sanctuary)之一。所谓庇护城市，是指这些州、县、市制定了本辖区的法律法规，阻止美国移民与海关执法局（ICE）针对嫌疑人员的任何执法。认为"非法

▶《不要踩着我》，斯科特·勒贝多于 2010 年首绘，2012 年修复，2016 年后再遭涂鸦。（2018年 7 月 29 日摄于布鲁克林区麦克唐纳德大道 677 号亚麻仓库外墙）

移民是个非人道的概念""国境线的存在是不合理的""移民是人身自由的天赋人权"的纽约客，在这个观念激荡的大都市里不乏其人。既然地理的国界线是荒谬的，那么思想中的爱国主义自然就相当愚昧了。

然而，也有纽约百姓，比如这座亚麻仓库的老板，他的爱国几乎是本能的；也有勒贝多这样觉得爱国是责任和义务的"斗士"。污损他的国旗激怒了他，两周以后，勒贝多在墙画的左上角添上了"不要踩着我"，在右上角加上了进攻中露出毒牙的巨型响尾蛇。这两笔颇有来历："不要踩着我"曾是美国海军陆战队的格言，它压在一条盘曲着准备袭击的响尾蛇身下，印在正黄色的旗帜上，那是以加兹登（Gadsden）将军之名命名的美国最早的军旗。

"人若犯我，我必犯人"，但响尾蛇还是没有起到震慑作用，它的身下又被人涂上了黑字，从所写的"卡佩尼克"推断，应该出现在 2016 年后。卡佩尼克是现年 31 岁的橄榄球运动员。他在 2016 赛季的第三场季前赛前的演奏国歌《星条旗》环节，被发现没有站立致敬；第四场他改为跪下而不是像之前那样坐着："我不会起立向一面压迫黑人和有色人种的旗帜敬礼。"需要说明的是，卡佩尼克本人的生母是白人，生父是黑人，他从小被一对白人夫妇领养长大，卡佩尼克就是养父的姓氏。对卡佩尼克发起的"国歌抗议活动"，评价高度分化：2018 年某国际组织授予他"良心大使奖"，更多的橄榄球星开始效仿他，号衫热销；同时，看到效仿者跪下和举起拳头，有观众离开赛场，电视直播的收视率下滑，包括勒贝多倡议的针对国家橄榄球联盟的抵制活动激增。

风雷动，旌旗奋，是人寰。在各种讲法、说辞、组织和运动的人间风暴里，不少美国人惊觉，对这面旗帜公开而明确的憎恨开始流行；而宣泄着同样炽烈的爱与恨的，都是美国人民。

第四十五任美国总统

在欧美国家，教育水平较高、生活在大城市的优渥青年多少都有些理想主义，比较容易认同全球主义乃至向往社会主义；而文化精英和主流媒体又乐于将其立场过度投射，以致舆论虚幻高蹈；而对很多老百姓而言，自家的柴米油盐和自己国家的事情才更关痛痒。纽约作为美国的教育文化之都，理所当然是蓝色（代表民主党）的大本营，有趣的是，史泰登岛却是一块红色（代表共和党）飞地，满大街的星条旗就是纽约别处看不到的景致。

8月里，因为勒贝多，我接受了一次美国人民的"再教育"。6日下午我突然收到勒贝多的电邮，"快来，6点半我要搞个艺术装置，你一定会更感兴趣的！"等我赶到这个以白人工人阶层为主的街区时，一个差不多7米高的特朗普画像已经被竖起来了，他环抱双臂，T恤上写着"第四十五任美国总统"，勒贝多标志性的国旗图案赫然勾勒出"2020"字样。"这就是哥的意思，他必须成为下一任美国总统！"勒贝多的这种做派很多人看不惯，里士满历史古镇博物馆的哈里馆员就当面对我说："他的政治表达走得太远了，画也算不上艺术，走过路过心不跳。"不过，这边的邻居似乎心跳了，都赶来帮忙，两位光着膀子赤着脚从泳池边跑过来。"我觉得还应该再大些，太酷了。""他是啥党我不管，反正他的推特我都看得懂，不像那些家伙尽玩些虚活儿。"一问，一个是开垃圾车的清洁工，一个是修下水道的。

一名中年白人戴着海军帽从街对面走过来。"失业率不是降低了吗？我才不管他们要造多少种厕所呢？我只管我要付多少种账单！我就是愿意'让美国更强大'。"他指着特朗普脚下小丑式的人像，"这丫脑子被打坏了吧？"因出演《愤怒的公牛》而获得过奥斯卡奖的罗伯特·德尼罗，在6月美国戏剧界托尼奖颁奖仪式上，高举双拳，"现在不是要打倒特朗普，而是要操他妈的。"后半句的粗口被他重复了两遍，不少同行起立欢呼。老实说，当时在互联网上欣赏盛大典礼的我，是有难以名状的尴尬的。

勒贝多和德尼罗以及我遇到的大多数美国人，都认为自己是"言论自由"的捍卫者和践行者。一众德尼罗式的美国精英和主流媒体把特朗普说成是美国所有不幸的罪魁祸首，而我更愿意相信事实很可能是美国种种的衰败以及非理性争斗，促成了特朗普当选总统。与其说是勒贝多们选了特朗普，不如说是特朗普加入了他们；你再去问问纽约的白领和公务员，有多少人投票给了特朗普却说投了希拉里，就会明白这座城里有多少双料确凿的虚伪与猥琐、激情与撕裂。

正巧读到刘擎教授的新作，请允许我抄录在这里："有人想消除身份政治来建构公民政治的共识，有人想避开民族主义来重申世界主义，这些思路用心良苦，但在理论和实践上都可能事与愿违，不是化解分歧而是加深了裂痕。"

你看星条旗是否还在飘扬？

修车对阿方斯·达利亚（Alphonse D'Elia）而言，爱好多于生意。这个第三代意大利裔美国人，高中一放学就跑到修车行兼加油站做帮工，等老板退休，他索性把铺子盘了下来，一晃已经60多岁了。十年前，他叫勒贝多在车行的后墙上画国旗，那是这个信誉极佳的车行仅有的整块固定墙面，因为靠着铁轨，来修车和加油的人其实完全看不见它。"管他呢，我就是喜欢。"他的弟弟汤姆在不远处看管着一家洗车行，8月里，阿方斯又给勒贝多打电话："来，再给画一个。都画上，多少钱我无所谓。"我过去一看，哇，因为装有自动喷淋洗刷系统，那面墙足有50米长，酬金相当于中学老师一个月的薪水！"管他呢，我就是喜欢。"勒贝多在墙上画好虚线，夏雨断续，等到天晴，他站在扶梯上刷子滚筒轮番上，干了两三天，汤姆时不时跑出来："你想喝个啥？"

阿方斯热情直爽，邀我到办公室喝杯咖啡，"不是冒犯你哈，咱美国人的加油站都有这标配"，我一看，墙上两大件：壳牌石油的大壁钟和大幅的裸女挂历，还有他儿子毕业时送他的诺曼·洛克威尔（Norman Rockwell）的插图画《离家而去》，怀旧、热辣、美国！"你问我为啥画那些国旗？我就是喜欢。喜欢干啥就干啥，不喜欢别人也拿你没辙，这就是美国！那愣头青就愿意画个旗子，也能活得杠杠的。"始终闯不进纽约主流文化圈的勒贝多，在平民百姓这里倒是很有人缘。

史泰登岛的东南海岸有一座洛雷托山，一百多年前，德拉古戈尔（John Drumgoogle）神父在那里创建了纽约最大的孤儿院兼农场，现在仍是史泰登岛天主教慈善会所在地。辽旷的原野中间是当年《教父》的拍摄地圣约阿希姆和圣安妮（Saint Joachim-Saint Ann）教堂，当我转到后山时，发现了一个标准集装箱，一眼就认出上面的星条旗是勒贝多的手迹。后来问他，说是2012年10月，桑迪飓风掀着5米多高的浪头肆虐史泰登岛，岛上遇难者人数超过纽约遇难总人数的一半。慈善会当即募集救援食品和衣物，装在那个集装箱里运往受灾社区。"我是个艺术家，我得做点儿啥，我给风雨中的人们画了阳光下的国旗。"最是柔情催人泪，洛雷托山像泊在拉里坦湾里的古早驳船，教堂的

▲勒贝多于2008年前后，受邀在达利亚兄弟修车行（D'Elia Bros.）的后墙画上了星条旗。这个修车行整天人来人往，被大家戏称为史泰登岛上的民间"情报站"。（2018年6月26日摄于史泰登岛格里夫斯巷道【Greaves Ln】145号铁路沿线）

▲ 2018年8月10日，勒贝多（左）在助手的帮助下，在汤姆洗车行的外墙上绘制星条旗。前面是勒贝多标志性的越野车，周身都被他涂上了星条旗，后窗上写有他的官网主页，还有"爱国艺术家斯科特·勒贝多"字样，车顶装置有他环游美国50个州时收集的兽角和头骨。

尖顶是它高耸的桅杆，完成了使命的集装箱披着旌旗，静卧在荒草丛中，仿佛压舱石一般。

这个夏天我总在想，勒贝多为什么要那么纠结于进不进得去纽约的画廊呢？他的星条旗在屋顶，在街道，在风雨中，在阳光下，与街坊邻居在一起，与生活故事在一起。画廊本就不是民间艺术生长出生命的地方，而纽约本身也不只有一种生命。纽约不只有《纽约时报》和《纽约客》，美国也不只有纽约，尽管它们很多时候代表着美国。

只要走近平民百姓，你就会察觉，美国其实有很多人朴素地喜爱着他们的国旗。在阿迪朗达克山区的一家农家乐，收银台上挂着星条旗，旁边写着："我们的旗帜是自由与解放的标志。"人身自由与思想解放，作为意志的旗帜，自然是人人心向往之的；但它们的具体含义，每个人的理解则未必相同，实现它们的路途很可能南辕北辙。在这个只有200多年历史的年轻国度，人们为之有过论辩与征伐，有过实验与牺牲，直至当下的很多时候我都会感到，尽管是在相同的旗帜下，美国不同社群之间仍有着痛切的撕裂乃至残酷的斗争，但这也是新大陆奉献给人类历史的值得珍视的教训与经验。历史学者弗朗索瓦·维耶（Francois Weil）在《纽约史》中写道："纽约城的多元化滋养并刺激了城市文化的发展，有时它带来剧烈的冲突，但它为纽约物质土壤之上城市文化方面的自我意识成长做出了很大贡献。而多元化也让纽约拥

有了重要的象征意义——成为传说中的自由之港。"

今天，"自由之港"会只剩下传说吗？这是一个很现实的问题，像美国国歌一直在追问着的："在这自由的国土，勇士的家乡"，"你看那星光灿烂的旗帜，是否仍在飘扬？"

2018 年 9 月 6 日完稿于纽约史泰登岛里士满镇图书馆

补记

2024 年 10 月 27 日，共和党总统候选人特朗普回到老家纽约市，在曼哈顿市中心的麦迪逊广场花园（Madison Square Garden）举办了一场竞选集会。19500 名观众坐满了每个座位，还有海量人群在外面观看大屏幕。本书写到的新科技巨头埃隆·马斯克、前纽约市长鲁迪·朱利安尼（Rudolph Giuliani）和时事评论人塔克·卡尔森，都在特朗普演讲前后作为支持者出场讲话。住在史泰登岛上的斯科特·勒贝多是 29 名受邀演讲者之一，他登上舞台，快速完成了一幅以星条旗为背景的画作，中间是拥抱着帝国大厦的特朗普。

在特朗普正在演讲时，作为竞选对手的民主党全国委员会在麦迪逊广场花园的外墙上投射了若干数字信息，包括"特朗普称赞过希特勒"，但特朗普申明"从来没有这么说过"。希拉里·克林顿在（Hillary Clinton）2024 年 10 月 24 日接受美国有线电视新闻网 (CNN) 采访时表示，特朗普"实际上是在重演 1939 年麦迪逊广场花园的集会"，意欲将这次集会与第二次世界大战前在该场馆举行的支持希特勒和纳粹党的集会相提并论。有意味的是，她的丈夫比尔·克林顿（Bill Clinton）1992 年也是在同一地点集会并接受了民主党总统候选人的提名。

9 天以后，也就是 2024 年 11 月 5 日，特朗普当选第 60 届美国总统，选举人票和普选票全面赶超 2024 年 7 月替代拜登参加竞选的对手卡马拉·哈里斯（Kamala Harris）。

纽约市是民主党大本营，但此次特朗普获得约 80 万张选票，比 2020 年增加了 10 万多张，其中在亚裔和拉丁裔移民社区的得票率增长得最为明显。

2024 年 11 月 9 日记于纽约市史泰登岛

人生到处知何似，应似飞鸿踏雪泥。
泥上偶然留指爪，鸿飞那复计东西。

——苏轼

虽然雪终会融化

2019 年 1—3 月

2019 开年，江南冬雨。

1 月中旬，课程结束，改完试卷，再忙好硕士生和博士生的论文开题和预答辩，寒假才姗姗来迟。不过，对于我而言，寒暑假只是个说法，改换好行装就要再上征程。付了 8300 元，订妥来回上海纽约的双程经济舱机票。然后起身去苏州两天，要主持一场菖蒲与年画联展的开幕式，还要去取些春节时在纽约举办文化活动所需的物料。古旧书店嘉宾云云，浅笑盈盈，雅集过后，顺便买了些一得阁墨汁和红星牌宣纸。然后去朴园，取回托友人寻觅苏州民间刻工复刻的雕版《连年有余》和《一团和气》，师傅听说是教学用，客气得很，两块各一尺见方，只肯收 6000 元。大儒巷里，好多人撑着伞往印画店里张望；叶姑娘手工复制的桃花坞年画《花开富贵》包在气泡塑料膜里，要和我一起飞去纽约了。

江南，连腊月都是婉约的，雨冷不成雪，绵绵再绵绵。

遥远东方新旧事

一到纽约，迎面就来了一场寒彻的"暴雪"（blizzard）。这个英文单词还有另外的意思，指"大批侵扰性的事物"或"大量的负担"，可绝不是"苏式"的。这是我连续第三年领教纽约的冬天。纽约人虽然时髦，可他们在御寒问题上却是实用主义的——我从来没看见过这么多的男人戴着全套的保暖耳套和手套，这么多的女人在毛线帽上再扣个羽绒服的套头帽。完全不像夏天的纽约，山花都烂漫得很，斗着艳，争着奇。

纽约是亚洲之外最大的海外华人聚居地，来自中国的移民，增长速度最为迅猛。2014 年始，中美两国为前往对方国家从事商务和旅游活动的公民颁发有效期为 10 年的多次入境签证，大陆去纽约的游客于是蔚为大观。

猪年春节是 2 月 5 日，曼哈顿中城，一字排开的国际大牌旗舰店，与上海淮海中路的店面排布几近复制粘贴，只是春节的装饰少一些，但橱窗上红色的中文大字"恭贺新禧"还是随处可见。大年初二，漫天鹅毛，第五大道撒了盐，雪水化成黑色。出租车送我到 40 街东 15 号的门外，街边大楼的 11 层是美国中文电视台（SinoVision），覆盖整个大纽约地区，纽约市有线电视第 73 频道以及长岛、宾州、康州、新泽西州和纽约上州（Upstate New York）的地面数字电视都可以看到。我在改良长旗袍外面罩了件红绒大衣，麂皮船鞋在泥泞中试图找到可以下脚的地方，三米宽的人行道在大雪天简直是畏途，而且我要先跨过上街沿边铲出的不小的雪堆！等我跐进大楼，已经开始牙齿打架，但在纽约做上海人，你就得穿得像回事，何况今天是《纽约会客室》约我去谈中国年俗。

主持人谭女士本科毕业于当年叫北京广播学院的中国传媒大学，在北京电视台做过节目，本世纪初赴美留学后留在了纽约。2012年始由她领衔的这档节目已经是电视台的王牌。制作团队的效率相当了得，成品半小时的访谈前后只录制了一个小时，一镜到底，大年初七就以《年中有画画中年》为名播出。我带去了由国家级代表性传承人经手的两张木版年画，一张是去天津杨柳青镇从霍庆友老先生家中购得的《连年有余》，另一张是从苏州房志达老先生手里得到的桃花坞代表作《福字图》，所谓"南桃北柳"。掌镜摄影的是两位第三代华裔青年，不会普通话，收工时用粤语和英文反复说"第一次听说，好漂亮，好有趣"，我以年画明信片致谢，他们说要带回家给长辈拜年。

这家电视台在建筑物外墙上没有明显标志，进门没人查验我的身份证件，也没有任何形式的安检。我素颜前往，想着开拍前会有化妆师上阵，没想到谭女士告诉我这里没有电视台专用的化妆间和化妆师，都是自己来。我拿着她借给我的她自己的粉扑，来到楼道里的公用卫生间，空调乏力，灯光昏暗，只容一客。后来上"油管"看节目，剪辑精当，端正祥和，答问之间也是专业人士该有的状态。

原本这次来纽约，想到要拜会华美协进社（China Institute

in America）这个游走于中美庙堂与江湖的"民间大佬"，心里多少还是有些欣欣然。1985年我所供职的华东师范大学成为国内最早设立"对外汉语"专业的四所高校之一，与华美协进社在2005年合作设立了纽约第一家孔子学院，打出的口号很昂扬——"未来说汉语"（The future speaks Chinese）。揭幕式在1897年李鸿章下榻过的华尔道夫酒店举行，时任国务委员唐家璇致辞，来宾中包括美国前总统尼克松的女儿，规格颇高。2014年中国安邦保险收购了华尔道夫这一纽约地标，去年安邦董事长吴小晖在上海被判刑18年，被安邦疯狂收购的海外资产去向成谜。这是另一个跌宕的"当代中国故事"。

话说回来，华美协进社得益于庚子赔款的部分返款，成立于1926年，是全美专注于中美文化交流历史最久的组织，创始人有郭秉文、胡适、杜威和保罗·孟禄（Paul Monroe），都是声名显赫的教育家。1944年华美协进社获得纽约州教育局特许，成为美国最早向公众和学校教师进行中文教学的非营利教育机构。1966年成立的美术馆，常年都有中国艺术展，在纽约博物馆界占有一席之地。1944年，创办了《时代》（Time）、《财富》（Fortune）和《生活》（Life）三大杂志的亨利·鲁斯（Henry Luce，1898—1967），向华美捐赠了位于上东区带中式花园的五层联排别墅作总部。路思义（鲁斯的中文名）此举，是对其父赴华传教士生平的致敬，也是对他自己的出生地中国烟台的感念。上东区的别墅豪宅多是墨绿或深棕色调的宅门，唯有东65街125号是令人过目不忘的大红朱漆。那是乡愁一瞥，更是赤子之心。上世纪中期的华美，多数董事和金主都有与鲁斯类似的来自遥远东方的故事。我参加过几次哥伦比亚大学东亚图书馆举办的招待会，有一次是答谢一位史姓华裔捐款人，来的都是他的亲戚，还有打桥牌和打麻将的玩伴，一屋子八九十岁的老人家，有着老派的矜持与低调，英文和上海话切换自如。聊下来多数竟都是民国大家族的后代或姻亲，其中不少都是华美的赞助人，近年退出董事会不再捐款的也有好几位。

去年九月，我受《上海望族旗袍宝鉴》编委会的委托，到曼哈顿晨边高地（Morningside Heights）去取刘莲芳女士遗赠的两件定制旗袍带回上海。巨鹿路675号的上海作家协会，我去过多次，因为这次去取旗袍，才得知那里原本是刘女士儿时的家——"爱神花园"。历史安卧在我的手提包里回家，一声不响。

记得黛安娜（Diana Tong Woo）带我去东92街的意大利餐厅宝拉家（Paola's），侍者的殷勤令我好奇："他们都和您很熟？"她笑说："也是吧，不过这里很少人知道我的本名。"其实她的名字很好记，唐小腴，其父唐腴胪是宋子文的机要秘书，哈佛毕业，1931年在上海火车北站被刺客错认成宋子文误杀。70年前她随家人从上海经香港到纽约，后半辈子都在做中美文化交流的工作。三月底，听到她突然辞世的消息。尽管87岁当属高寿善终，但那一刹那，却真切切地怅然若失——与中国现代转折点血脉相连的一代人，挥手告别了。我还记得她和我说，在纽约她这个圈子的"老上海"，是只找当年随官宦人家一同来美的李、蔡、杨三位宁波裁缝做旗袍的，如今他们都已故去，"连做一件像样旗袍的人都没了"。2016年，华美协进社出售旧址，迁至下城华盛顿街100号的新商务楼内，这座建筑是贝氏建筑事务所设计的，由贝聿铭的公子领衔。

时过境迁，逆流顺流。

在"9·11"事件遗址附近，重建的建筑综合体延续了原来的名字"世界贸易中心"，其中的一座是耗资40亿美元的世贸中心交通枢纽"眼窗"（Oculus），设计师用了展翅的鸽子做外形，鸽子脊柱位置的天窗能在9月11日这天开启，可以让阳光最大限度地照射进来，这样的用心自然是良苦，但也被批评挥金如土、华而不实。"眼窗"是通达周边几个州的火车终点站，可与市内十多条地铁中转；里面还有曼哈顿最大的购物城，入住品牌过百，终日熙熙攘攘，人间慌张。但毕竟2016年8月才开业，怯生生的物态还没有褪尽。

这个商城今年也搞起了春节促销，一楼中心大厅有足球场那么大，2月8日（正月初四）请来了近百人的亚文交响乐团，冠以"首届中国新春音乐会"。几曲开场之后，二楼围栏处响起唢呐模拟的鸟鸣，清旷的车站一下子《百鸟朝凤》，幻化间四海同春。后来看"油管",才知中年唢呐手是毕业于中央音乐学院的旅美管乐演奏家郭雅志。但老实说,《步步高》在纽约客的耳朵里多少还是生分的,不像《铃儿响叮当》在上海人心里来得熟稔。与上海滩正足的圣诞气氛和盛装的功架相比,纽约市的春节促销就只是戴了个发卡。"眼窗"店铺里挂着的塑料鞭炮和灯笼挂件,几乎都是从义乌进的货,尺寸的选择明显有些偏小,在纯白背景的偌大建筑里,像不知如何是好的小红心。

商城今年的春节品牌活动,与搬到咫尺之遥的华美协进社合作。大年初四五点晚高峰,我背着年画雕版、大红宣纸和全套的印画工具,如约来到位于"眼窗"一楼的"伦敦珠宝店"(London Jewelers),这是1926年创立于纽约长岛的一个家族品牌,已经传到第四代,主营瑞士手表和全球珠宝等奢侈品,以手工维修和个性化服务闻名。中国年画刷印体验活动定在这一店家,也算旗鼓相当。康乾年间,姑苏版精品版画远销欧洲和日本,艺冠寰宇。

从苏州背来的纯手工复刻的《花开富贵》,架在店堂门口,仅一名幸运参与者能抽奖得到它。华美负责项目的员工先行到店和经理商议,觉得刷印台案放在200多平方米的店铺深处太过隐蔽,而经理认为大片红色挡在门面,与店内的银白基调不协调,而且"顾客会不习惯墨汁的特殊味道"。看到他们已经在向空中喷洒空气清新剂,我真有点哭笑不得。台案位置其实无伤大雅,酒香不怕巷子深，但华美从法拉盛淘来的墨汁恐怕是个杂牌，好在我从苏州背来了一得阁，一打开，松香和炭烧的高级感一下子弥散开来。估计是客源的关系，围拢来的大多是衣着体面的中年人，墨线版的刷印，一教就会，不一会儿，肤色各异的顾客拎着洒金红纸上的"连年有余"，开始鱼贯而出，人流反吸进来，对比着套版彩印的《钟馗》《刘海戏金蟾》《灶神》《冠带传流》问个不停，从年画历史到套色规则，好像论文答辩的现场。经理很高兴，客人们为参与抽奖，纷纷留下了联系方式。一名韩裔绅士来买劳力士，在改手寸的等待间隙，一口气连刷三张，经理笑脸相陪，熟络殷勤。第二天华美告诉我，《花开富贵》被这位韩裔客人抱得美人归，传照片给我看，客人经理各捧一角，一边花开，一边富贵。

新春团拜会是华美协进社春节活动的重头戏。2月10日大年初六，华盛顿街100号门前，来自唐人街的舞狮小伙们敲锣打鼓，以最快的效率将华尔街高冷的金融区转场为热闹的春节市集。团拜会历年都是亲子项目，描花脸、做饺子、扎灯笼，华美想在这些常规外添些新元素，但也苦于没有资源或预算不足。华美孔院当然觉得义不容辞，邀我助阵，结果两位来自华东师大的孔院老师帮我一起布置了小型年画展，然后带着孩子们手把手刷印《连年有余》和《一团和气》，三人两版，从上午十一点到下午三点，印到我带到纽约的宣纸一片不留（华美在法拉盛购买的

▲左：2019 年 1 月 18 日苏州大儒巷，定制复刻版桃花坞木版年画《花开富贵》的印画店外。右：2019 年 2 月 8 日，纽约"伦敦珠宝店"世界贸易中心分店门口，左边红色广告版上是"眼窗"商城发布的"欢度春节"系列海报之一"中国木版年画体验活动"，门口画架上正是复刻年画《花开富贵》。

备用宣纸薄到不能印画）。满屋子人手一张，春风盈怀。小朋友们惊喜雀跃，我们仨腰酸背疼。事后清点，竟然印了200多张。南京外国语学校的刘同学正巧到纽约参加木偶交流活动，我也请她前来助兴。长绸木偶的水袖飘舞起来，时间变成慢镜头，孩子们瞪大了眼睛。

时代路口难解谜

纽约在美国，但纽约代表不了美国；在更多的意义上，纽约是世界文明的秀场和超市，数不胜数的非营利性文化机构在这里展演着各自引以为傲的文化传统。在走进华美协进社之前，我常去的是好几个类似的地方。上东区60街上有法兰西学院联盟（FIAF），每周二晚上放映法国电影，画廊、图书馆和餐厅终日迎来送往，只要在附近我都非常愿意绕路去一趟。东47街有日本社团（Japan Society），他们的艺术画廊是一块静谧的巨大磁石，一种相通又迥异的文化距离感，狐媚而警觉。公园大道上的亚洲学会（Asia Society），常有挑战观念底线的政治或经济议题的讲座，但纪念品商店和种有大量绿植的餐厅，尤其是洛克菲勒家族珍藏中国文物的固定展厅，相当亲切怡人，想思维风暴一把或者享受人生一刻，随时都是可以去走走的。拉丁语的"文化"，原意为"灵魂的培养"，很到位也很抽象；"随时可以去走走"，

▲ 2019 年 2 月 10 日，纽约华盛顿街 100 号前，旗杆上有"华美协进社"的旗帜。该社猪年新春团拜会的开场舞狮表演，引发民众围观。

则是一个具体的判断标准。

人无法选择出身甚至长大成人的地理空间，但可以在心灵上自愿归属于任何一种文明。没有什么可以阻挡，也来不得半点强求。

从上海出发前，我特意备好了一根檀木发簪和一盒顶级祁门红茶。到纽约，如果说有一定要去拜年的老人家，那必然要有这位韩佛瑞（Jo Humphrey）女士，她是第二代德裔美国人，出生于波士顿殷实的官商人家。初五的杰克逊高地，积雪还没有融化，深一脚浅一脚地踏进她的独幢小楼时，92岁的韩佛瑞已经盘着头，穿着真丝绣花小袄，亲手烘焙好茶点在等我了。去年初见她时，不喝咖啡、酷爱中式发簪这两个小癖好，最先让我察觉到她的卓然。

纽约地区有着较为深厚的中国戏剧土壤，赵元任先生1969年创立的中国演唱文艺研究会（CHINOPERL），每年都举办一次国际会议，发行两期英文学刊，研讨中国戏曲等表演艺术。但若论对中国传统皮影戏的文本理解和表演实践，或是用英语和德语向欧美民众展演宣讲这项中国民间艺术，在我目力所及的中美学界和民艺界，恐难有与韩佛瑞比肩者。我在《文汇报》发表过一篇调研文章，名为"中国皮影在美国：一段值得铭记的百年流传奇迹"，其中关键的"接棒人"就是她。

韩佛瑞毕业于南加州大学戏剧系，曾帮助美国自然历史博物馆整理劳费尔博士（Berthold Laufer,1874—1934）20 世纪初到中国收集的皮影藏品；让这些皮影复活的想法，刺激她于 1976 年创办悦龙皮影剧团（Yueh Lung Shadow Theatre）。1980 年，中国开放私人入境游后，她先后五次到中国拜师学艺。24 年里，她把《辕门斩子》《哪吒闹海》《草船借箭》《十五贯》等传统戏剧改编成皮影戏，在美国、希腊、法国、德国、荷兰巡演，并多次来中国参赛。1999 年退休时，她把皮影悉数捐赠给纽约的一家剧社，只留下孙悟空和白娘子两件至爱给自己。这次她为我找出了她编写的纽约中小学教材《美猴王：中国表演艺术》，又捧出孙悟空和白娘子，和我在台灯前玩耍起来。我问她为什么要给"外国人"表演这么深奥的"中国"故事，她说："正因为它们是中国的，是历史的，所以也是世界文明的组成部分，就像莎士比亚属于所有人一样。这些故事讨论的是人性，是人类智慧和德行的遗产。我的观众痴迷这些故事，理解的难度本身正是艺术的魅力所在，接受这类智识的挑战是对历史与文化应有的敬重。"这让我想起一位孔院院长的抱怨："一说起中国文化，就是包饺子。我打赌，一到春节，全世界的孔院都在包饺子。"老实说，我认为饺子绝对是一种文化，里面有饮食男女，有家国天下，而且地球人没有不爱吃饺子的。但我听得懂她这句"责之切"的话里，是有"爱之深"的道理的。说到底，这种爱，与年过九旬的美国老人家告诉我她还在四处宣讲"我的美猴王"并无二致。

▲白娘子和美猴王是韩佛瑞女士挚爱的两个中国皮影形象，她说："这是我的精神陪伴，是我的人生纪念，是我的力量源泉。"（2019年2月9日摄于纽约杰克逊高地韩佛瑞女士家中）

这次一到纽约，新房东海伦（Helen）就问我是不是在用华为手机，标准的发音让我很诧异。92 岁的老太太刚摔了一跤，不良于行，已经不怎么出门了，居然会知道这么地道的中国品牌，她指着电视，"播音员天天教我念哦"。2018 年 12 月 1 日加拿大警方应美国政府司法互助要求，逮捕了在温哥华转机的华为公司首席财务官孟晚舟，一时间沸沸扬扬。一月底，电视上直播新闻发布会，美国正式要求引渡孟晚舟，并以 23 项罪名起诉华为。整个冬天，特朗普都在电视上讲"中国"，这个远方成了他定义眼前诸多问题的"导火索"。一月的北京和华盛顿，无疑都在经历最严酷的寒冬。

2 月 22 日是农历正月十八，曼哈顿唐人街上还有不少春节的气氛，我邀请里拉先生去陈学同舞蹈中心（Chen Dance Center）看演出，票价惊人地亲和，前排贵宾票也不过 25 美金。桑葚街（Mulberry Street）70 号在唐人街与小意大利交会处，里拉是意大利裔第三代，他一路惊呼，小意大利真的越来越小，要被唐人街包围起来了！好在他小时候爱去的"费拉拉"（Ferrara Bakery & Cafe）还在，那就先去喝杯意式咖啡吧，再来个名声在外的香炸奶酪卷（cannoli），"里根总统 1980 年代在任时还到店里品尝过呢"。这家店 1892 年开业，据说是纽约第一家意大利糕点店，如今传到家族第五代，西点样式古早板正，跟上海的凯司令和红宝石有种戏剧般喜感的呼应。

享用好怀旧咖啡，再转一个路口，就看到一座早年公立学校式样的历史建筑，上得二楼就是舞蹈中心。开场前半小时，客人们等在场外的一个房间，有笔墨纸砚和中式点心，演员们招呼着大家，气氛放松随意；让我意外的是居然还有一只"鱼洗"，几个金发小孩使劲地摩挲着铜盆的双耳，盼望盆里的水沸腾轰鸣起来。头发花白的陈学同先生，提前走过来和大家攀谈。他在上海出生，在台湾长大，毕业于茱莉亚音乐学院，1979 年创立的中心在纽约现代舞领域颇有盛名，尤其是常年为纽约的华人社区提供带有中国元素的舞蹈教学服务，深得不同族裔家长的青睐。

我们来得正巧，赶上了"茶馆舞台"，这个特色项目一年两次，适合家庭参与。当天是"元宵雅集"，大约有 50 位客人，100 平方米的舞台是沉浸式的，就在观众眼前。串场的是陈先生的夫人曾佩娟（Dian Dong），她娓娓道来，解释每支舞蹈的内容和技巧，听后再看，果然登堂入室。曾太太也是茱莉亚音乐学院科班出身，开场前寒暄，她告诉我她是第五代华裔，不会说汉语，可是她站在那里，仪态温婉恬和，好一张古典的仕女国画。

演出的开场是《挂灯笼》，六名舞者，三种肤色，上灯、舞狮，刚健飒爽；接着有《扁担》和《洗衣》，虽然舞蹈的编排非常蒙太奇，但很显然，讲述的是早期华裔移民的艰难奋斗史。我的脑海里不禁浮现出旁边美国华人博物馆（MOCA）的藏品。华裔建筑师林璎设计的红砖展馆朴素沉重，我去看过两次，褪色的餐馆招牌、旧式的缝纫机、破裂的搓衣板、手绣的拖鞋、淘金用过的秤砣、泛黄的全家福……观之无语凝噎。

整场演出有两个小时，分成三幕，中间有"猜灯谜、得年礼"的小环节，英文的谜面，中文的内核，像是一堂微型的年俗讲座，着实惊喜。舞蹈班小朋友的汇报演出放在最后，是春节赏灯拜年的场景。舞毕，曾女士在一旁指挥孩子们为每位观众恭敬地端上沏好的小盅热茶，捧上麻薯——这种糯米做的圆圆的甜点，让人想起汤圆、乡愁与幸福。

八点半演出结束后，陈先生礼数周到，在门口送客，里拉和他握手告别："非常中国，非常摩登，我会感激铭记。"出得门来，街上积雪泥泞，心中和煦安宁。这间舞动着的"文化茶室"，有润物无声的丰年瑞雪，有温良谦恭的化雨春风。

意犹未尽，里拉建议就在唐人街吃晚饭。我心里有点打鼓，"中餐"在纽约很长时间是和"廉价的外卖"联系在一起的，环境大多类似于香港的大排档。自用无妨，但待客总觉不周。没走多远，看见一幢三层楼面的餐厅，门童迎上二楼，楼梯转角处桃花盛开，桌上双层台布，餐盘精美。五十开外的华裔侍应生笑容可掬，自称"唐人街土生土长"，告诉我们此处是老店新开的"华园"（Hwa Yuan Szechuan）。"1968年就开了，老华埠之前都是潮汕菜、广东菜、江浙菜，是唐大厨的父亲开的这第一家川菜馆，厨神'唐矮子'（Shorty Tang）听说过吧？就是他爹，那时候每天能卖出五百斤面呢！麻酱面必须推荐！"饭店年长的服务员绝对可遇不可求，点单时还可以点掌故。

"'9·11'过后，又是金融危机，华埠也受到牵连，唐大厨关了十几家连锁店。这几年，附近的苏荷区好起来，但他们家这栋楼还是租不出去，前年唐大厨索性重操旧业，原地恢复华园。哎呀，祖宗保佑，生意一下子好得不得了。"菜单上，麻酱面顶着凯撒色拉，北京烤鸭拖着美国蟹饼，倒是"美美与共"得很。菜很快上来，味道果然正宗，骨碟也换得勤。经理过来问感受如何，我说"达到了中国国内饭店的水准"。

上周闺蜜唐小姐专程从上海飞来看纽约时装周，我陪她去逛东村，排了快2个小时的队，都九点半了才吃上网红餐厅"川山甲"（Szechuan Mountain House）。格林威治村老饕潮涌，但中餐厅外大排长龙，多是华裔老移民迭代、新移民迁入后的新气象。用完餐，时尚女主不褒不贬，也只是说了句"达到了国内饭店的水准"。吃饭时，她猛烈批评切尔西市场附近的现当代画廊疲软潦草，群体性地失魂落魄，与我心有戚戚焉。十年前她在加拿大读电影专业硕士，每个月都从魁北克飞来"世界艺术界飓风之眼的纽约"看展，"如今只会玩政治、玩概念，充斥着歇斯底里的极端戾气，简直是文化自杀"。

改革开放40年，世界走进中国，改变着看待中国的方式；而中国人走向世界，也改变了自己看待世界的标准。我去哥伦比亚大学回访八十开外的孔迈隆教授，面呈《文汇报·学人》，上面有我对他的访谈《从人类学视角谈中国人的传统及其价值》。作为在美国人类学教研一线时间最长的中国问题专家，他有长者的坦率，"研究中国，本质上是在研究动态的新兴的世界格局。更何况中国近些年既是全球的兴奋点，也是难解的谜"。

纽约时装周属于全球四大之一，与巴黎、伦敦和米兰的齐名，今年意外被邀请观摩了一场，竟是"李宁2019秋冬秀"。我当然记得他！初中一次语文作文课上，老师给的题目是《向李宁学习》，说他在第六届世界体操锦标赛一共七个项目中得了六金一铜。我当时虽是"学霸"，但体育很差，写不出什么"空翻转体、直角支撑"之类的体操动作，就写"这种每门课都考满分的感觉就是好"。结果老师少有地给了"良"，评语是"要戒骄戒躁"。一晃快40年过去了。

2月12日，暴雪，路上开车已经要看不清前路，但华盛顿街775号的"工坊"（Industria）附近，还是找不到车位，好玩的是，1920年代这里就是一座大型车库。这个工业化的极简主义建筑，1991年被来自意大利米兰的摄影家法布里奇奥·费里（Fabiazio Ferri）改造成了时尚摄影棚和综合展示空间，保留了历史建筑的原真性细节，既反叛又前卫。潮牌潮人扛着长枪短炮，扫荡而来，让当时还很贫破土俗的西村，一下子时髦起来。

当天这个场子安排了好几场秀，忙不迭挤进去，半小时不到，又被急匆匆请出来。我实在外行，只看到一列族裔各异的年轻躯体，架着运动风时装或是时装式运动服，气鼓鼓绕场一周，旁若无人。但背景板上打出的由远及近的山峦叠影和滚动的中文列车站名，却让我凝神片刻，想起了青春的站台，并记住了闪回的广告语——"路虽弥，不行不至"。这是李宁服装品牌第二次来纽约时装周，据说去年第一次是借力"天猫中国日"，不到一分钟，秀场同款在天猫售罄，"即看即买"的看秀网购模式诞生，带动李宁股价一个多月暴涨近60亿港币。听说今年跟风来时装周的中国品牌成十倍地增长。

出门时，雪下得更猛了，赶紧跑到车里，打开空调，打开收音机，新闻在说，"下周四第七轮中美经贸高级别磋商将在白宫举行"。2019年是中美建交40周年，驻美大使崔天凯在新春招待会上致辞："当今世界正经历深刻复杂的变化，新的全球性挑战层出不穷，比以往任何时候都更需要中美两国进行合作。"崔大使是宁波人，出生在上海，还是华东师大的校友，在纽约工作过很长时间，这些他身上的偶然因素都让我对他的言谈多一些留意，也常感亲切。今年的这个发言我读了好几遍，有种莫名严肃的沉甸甸的感觉。华盛顿的冬天还会延续不短的一段时间，明年还可以在纽约再见"李宁"吗？李宁只比我大五岁，我们从豆蔻少年到年过半百，经历的可能是当代中国绝无仅有的与世界双向奔赴的时代。

3月1日，纽约大学中文教师发展项目邀请我举办工作坊，海报上的题目是"通过视觉图像提升跨文化交际能力：中国年画及其文化内涵"，报名很踊跃，有纽约市、纽约州的中学老师，也有从附近几个州赶来的大学中文老师。两个小时的分享结束，老师们并不着急回家，而是留下来提问。一位从新泽西过来的爱尔兰裔老师说："我从这些年画中真正明白了什么才是不变的中国。"一位日裔老师说："我觉得这些年画就是丸山真男所说的'巨大的古层'，中国不是指某个朝代、哪个政权，而是最底层的芸芸众生。"几天后，我收到一位台湾老师发来的电邮："李教授，听了阁下的讲座，这些天我一直沉浸在伤感的幸福中。拥抱您！"这个表述击中了我，当我在纽约公共图书馆查阅保存完好的清末民俗版画时，当我在哥伦比亚大学东亚图书馆阅览美国友人捐赠的民国纸马专藏时，胸中激荡起伏的，不是伤感的幸福，而是幸福的伤感，还有悲怆和感激。

　　根据纽约市公园和娱乐部官方网站的信息，为了"向帮助塑造我们的城市、国家和国际社会的人和事件致敬"，纽约市设立了800多座纪念碑，还有大约250座雕塑，其中历史名人塑像有125座，华人占有两席。在曼哈顿唐人街的包厘街（Bowery Street）和帝法信街（Division Street）的交会口，有一幢红色的孔子大厦，是纽约市府为低收入华人提供的廉租公寓。1984年非营利组织美国纽约中华公所（CCBA）为纪念美国建国200周

天下為公

孫文

ALL UNDER HEAVEN ARE EQUAL

▲左为纽约市政厅前的"世界禁毒先驱林则徐"铜像。中为纽约孔子大厦前的"大成至圣孔子像"。这两座华人雕塑在纽约的设立各有其初衷，而我总觉得，冥冥之中它们仿佛是某种隐喻，讲述着中国人长久以来是如何做自己，又是何时开始看世界的。右为孙中山铜像，2019年11月12日被安置在曼哈顿唐人街的哥伦布公园。这是纽约市政府核准的第三座华人雕像，公园北广场因此更名为"中山广场"。(2023年2月1日重拍于曼哈顿唐人街)

年，在南侧捐建了"大成至圣孔子像"，孔子面容端肃，双手抱于胸前。咫尺相望，在东百老汇路（East Broadway）的前端，"世界禁毒先驱林则徐"背手挺立，望向远方。这尊铜像是1997香港回归之年由民间组织美国林则徐基金会捐建，它的背后就是纽约市政厅。因为这次租住在史泰登岛，从市中心乘车返回就常会路过唐人街，即使车辆川流不息，即使暴雪遮天蔽日，我都会远远地向这两位圣贤同胞的方向行注目礼。我知道他们站立在那里，且不论他们在世时活得多么困顿与艰辛，至少我们可以庆幸，《论语》和《四洲志》还在案头，就像他们的身影依然与我们同在。在面对世事无常的摧枯拉朽时，这样的凝望已足以慰怀。

这是一个暴雪不止的寒冬，虽然雪终会融化。

2019 年 3 月 13 日于哥伦比亚大学史带东亚图书馆

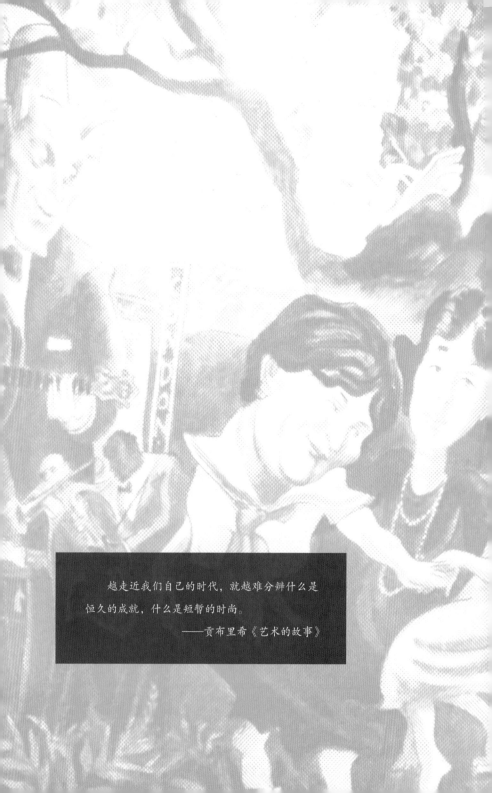

越走近我们自己的时代，就越难分辨什么是恒久的成就，什么是短暂的时尚。

——贡布里希《艺术的故事》

墙内墙

2019 年 7—9 月

惠特尼 2019 年双年展，占了美术馆四层的楼面。我上上下下磨蹭了两遍，还是担心自己是幼稚的幺儿，撞见了"皇帝的新装"，有一种空泛、夸张的即视感。身体的尴尬与愉悦一样，是不会骗人的。窗外的哈德逊河，把夕阳映射到内墙上，倒是很有棱角很有气度的大师派头。

　　惠特尼双年展非常"当代、主流、美国"，艺术行情和社会起伏，看一眼参展艺术家的名单就好——非洲裔和拉丁裔超过了半数，女性艺术家也是半数。"政治正确"是"模式"的区别性特征，然而，作品的成色与作者的基因，怎样权重较为合宜？围绕"为艺术而艺术"的口号，争论已有百多年；而艺术史家贡布里希也说，"越走近我们自己的时代，就越难分辨什么是恒久的成就，什么是短暂的时尚"。

　　看不懂，似乎是惠特尼的宿命。如果不是大都会博物馆（MET）在 1929 年拒收葛楚·范德伯尔特·惠特尼（Gertrude Vanderbilt Whitney）女士捐赠的五百多件美国当代艺术品，也就不会有特立独行的惠特尼博物馆了；而命运的底色，是本已含着金汤匙出生的葛楚又嫁给了巨富的惠特尼家族，自己还是雕塑家。自成一格的惠特尼，1914 年就在格林威治村开了自己的工作室，如今已是西八街上的"国家历史地标"。

格林威治名利场

盛夏的西村，6月30日的"纽约骄傲游行"（NYC Pride March）为"骄傲月"点燃了闭幕的庆功焰火。过度蜂拥的彩虹色块蜂拥着，异常兴奋的老少男女兴奋着，这的确有些波希米亚的遗风。整个六月，"社会性别"（gender）可能是纽约首屈一指的关键词。"石墙事件"五十周年，"朝圣者"排着队绕着圈缓缓往石墙酒吧（Stonewall Inn）腾挪，华盛顿广场不时有人脱得精光跳进喷泉里。

历史的荣光与现实的坚挺，是种危险而微妙的关系。过了一周，竞争相当劲爆的西村酒吧一条街，只有几名游客举着手机在"石墙"门前自拍。再往北五条街，踏上韦弗利酒馆（Waverly Inn）故意不弄平的旧木地板，从吧台挪进餐室，在低矮的天花板和红色皮椅之间，惠特尼迎面而来，低调而奢华，凸显在一撮有关格林威治村的谈资里。

韦弗利酒馆说起来是个有近百年历史的街坊小馆，可当年的格林威治是真穷，不是今天小资们作秀耍酷的"时髦的老旧"。2006年，《名利场》（*Vanity Fair*）的老主编格雷登·卡特（Graydon Carter）收拾残局，叫御用插画师爱德华·索雷尔

▲ 2019 年 7 月 9 日的石墙酒吧。这是美国纽约市著名的酒吧，是 1969 年警察突袭行动的发生地。2000 年被指定为美国国家历史地标。这个街区目前同类酒吧集聚，石墙酒吧面临着激烈的竞争，生意并不兴隆。只有每年 6 月"纽约骄傲游行"时，才会有大量的游客蜂拥而至。

（Edward Sorel）把墙面画成了本街区的"名利场"——150年间格林威治村的43位名人环侍，搞得好不容易订到位的食客，还真以为自己挤进了其所标榜的"半私人餐饮俱乐部"，不日也能上名人墙一样。不过，菜单上印着大嘴总统特朗普的评语"纽约最难吃的饭馆"，与我心有戚戚，倒算不得装酷。男侍者文气俊秀，一再温存地推荐牡蛎，但并识不得墙上的任何人。

杯垫上印着诺曼·梅勒（Norman Mailer）的句子，二战小说《裸者与死者》的作者，格林威治《村声周报》（*The Village Voice*）的创办人之一，侍者也不知其为何许人。历史沦落成促销的廉价包装，不再是惊过心的生死与动过魄的情色，还有人相信"他们虽然发疯却一定会清醒，他们虽然沉沦沧海却一定会复生"吗？巫宁坤翻译过狄兰·托马斯（Dylan Thomas）的诗《死亡也一定不会战胜》，他"归来、受难、幸存"，这个夏天亡去的仅是躯体。狄兰虽自省"不要温和地走进那个良夜"，却早早地在39岁就醉死在西村的切尔西旅馆。

爱德华今年该有90岁了，地道的纽约客，在《国家》《纽约》《名利场》等杂志封面上画了一辈子纽约的人和事，《纽约时报》曾评价他是"美国最重要的政治讽刺作家之一"。他爱用黑色水笔，A4纸是他的疆域。所以，韦弗利酒馆墙上的所谓"壁画"，不过是电子扫描的插图放大后贴上去的"墙纸"，经不住近看。据说2012年遭遇了火灾，又再印再贴了一次，没有人心疼。一如惠特尼 2019 年双年展所影射的，当代美国艺术，打印机之流，已是画笔颜料的同义词，安迪·沃霍尔一再重印的《金宝汤罐头》（*Campbell's Soup Cans*），早就在现代商业帝国的心脏复印过金元宝的传奇。

爱德华以"直描"出名，不为尊者讳，狄兰被画成手握酒杯两眼发直的呆样，浪漫的诗人也是滥性的酒鬼。这可比参与"纽约骄傲月"的很多大型机构坦诚得多。从纽约公共图书馆"爱与抵抗·石墙50"图片展，到纽约市博物馆"骄傲·麦克达拉（Fred McDarrah）石墙摄影展"，及至纽约历史协会的"放松与反击：LGBTQ 的夜生活"和"存在的力量：女同性恋珍档"等公共展览，都以最高规格把同性恋运动叙述成一部无辜又无瑕的受难史和史无前例的"伟大革命史"，而且参观者全部没有年龄限制。热风所及，涵盖各大商场甚至教堂。

虽说石墙当年也是酗酒、滥交、嗑药的大本营，西村也曾是艾滋病的高发区，但今天看来十分便利的"骄傲"却绝不是轻浮的，它曾经以多少人灵与肉的求索和牺牲为代价，"垮掉的一代"的精神内核无疑是独立坚挺的。

说出历史的完整，本身已是教材。但是，没有人——包括历史学会这样的准学术机构都没有——正告人们尤其是青少年：反传统并不是天经地义的所谓"当代精神"，传统也自有其成为传统的必然；健康的社会当然要尊重每个人的自主权益，要给反规范以必要的空间，但当革命永远无罪，造反一定有理的时候，反叛本身也就必然遭遇消解，于个人无非是不过脑子的赶时髦，于社会则不啻为披着"民主"羊皮的专制。这种"革命"，人类经历过太多次了。一座庞然大城完全可能因为精神的极端而毁于一旦。

待在惠特尼旁边的简·雅各布斯（Jane Jacobs）不知有何高见，1961 年她就在谈论《美国大城市的生与死》。她还相当精准地预言了街区的"中产阶级化"，新业主无一例外地改变了街区原真的文化多样性，尽管当初本是冲着它来的。格林威治村不再有穷人了，上海的田子坊和老码头也不再是劳动人民的了。全世界都无话可说。

对面一桌三四十岁的便装白人，一番彩虹互夸，一本正经地相互炫耀自己的公司"各种肤色都齐全了，团队终于实现了多样性"。这粗糙的逻辑，差点儿让我把刚吮进嘴里的长岛蓝点（Blue Point）牡蛎给吐出来。好吧，格林威治还是滚烫的，她是很多歌剧里的女主角，作天作地，幺蛾子不断；却也热情似火，体贴入微。她献给纽约的是污血，也是婴孩。

中央公园以东

惠特尼美术馆原址所在的麦迪逊大道 75 街，现在是大都会

▲韦弗利酒馆里的壁画一截。正中戴珍珠项链者为惠特尼，戴黑框眼镜者为雅各布斯，推购物车（车内为金宝汤的纸箱）者为沃霍尔。2019 年 8 月 17 日摄于曼哈顿格林威治村韦弗利酒馆。

博物馆展示现代艺术的布劳耶分馆（Met Breuer），正在展出慕克吉（Mrinalini Mukherjee）在美国的"软雕塑"首展，大粗麻绳，很手艺很传统很当代。转角有一间意大利家族餐厅 2009 年开的新店，取名卡拉瓦乔——四百年前活跃在罗马和西西里岛上的大画家，以所谓"暗色调"出名，大都会博物馆的精粹导览线路总是以他的《音乐家们》作结。卡拉瓦乔面对模特，不打草稿，油彩直接上画布；经常斗殴，也是不费口舌，直接上刀。真功夫，真性情。

上东区的饭店大多会标明各自的"着装密码"，卡拉瓦乔是"婉拒牛仔、短裤和运动鞋"的，自称室内的艺术品价值上百万美元，"是延续'博物馆一英里'（Museum Mile）的绝佳目的地"。这一英里在中央公园东面的第五大道，从 110 街到 82街，长 1.2 英里，连续有 9 座博物馆，是上东区的"高地"。卡拉瓦乔一律是有些年龄的男侍者，会背诵长长的每日特价菜单给客人听。这时务必要屏住笑意，想象自己是在百老汇聆听意大利歌剧《乡村骑士》，这个庄严的仪式比吃到嘴里的青口番茄意面更令人回味。内墙满是壁画，一色儿童头像和花朵，这些标记性符号属于出身库珀联盟的抽象艺术家唐纳德·巴克勒（Donald Baechler）。唐纳德宣称，线条和形状重于叙事和内容。这种说法似曾相识，但比他早得多实践这一念头的，是贾斯培·琼斯，他的白色旗帜正挂在对街的布劳耶分馆里，显然比这些大头耐看得多。不过，唐纳德这种看似很萌实则含混的图像，好似手绘又像复印的拼贴，恐怕符合"高级"的社交策略——暧昧是上东区"富有"的某种"乐趣和美德"。"当我们看到有些人一派孩子气，不肯正视社会现实，却还在当今的世界里找到了合适的安身立命之所在，我们不是也会感到某种乐趣吗？如果我们可以通过对于挪揄不吃惊、不发呆的方式来宣扬我们并无偏见，这岂不是给我们增添了一种美德吗？"贡布里希评价起当代艺术来，真是正宗的英国腔调。

那还是降下云头，去一个单纯安逸的地方吧。比如，往南走十三条街，到1930年开业的皮埃尔酒店（The Pierre Hotel）去。《闻香识女人》选了这里做探戈戏的片场，扮演男主的阿尔·帕西诺，出生在纽约贫民区东哈莱姆，意大利西西里岛移民的后代，32岁首演《教父》，帅得晃眼；52岁用身段说话，诠释了男人的不油腻与性感之间的关系。

时间可以摧枯拉朽，也可以老而弥坚。陪九旬的上海爷叔徐老先生午餐，他有很多故事讲，比如"赫本、泰勒都住在此地，好比1949年前上海的国际饭店，地段身价差不多。喏，宋子文的女儿也在这个厅里结的婚"。他说的是皮埃尔的圆拱大厅，1950年代改装成现在的样子，一时风头无两，绝对是当年曼哈顿最豪华的摩登舞厅；2016年修复重开，成为《纽约时报》所谓"纽约最壮观的聚会厅"。站在扶手楼梯上四望，真有少许凡尔赛宫式的奢华感。

这座城市郑重其事地上演过很多戏剧，有着同一个舞台，而且背景在半个世纪里保持不变。1967年，53岁的爱德华·梅尔卡斯（Edward Melcarth）搭上脚手架，手工绘制了从穹顶到360度大厅的所有墙壁。新近公开的档案揭示，梅尔卡斯当年就毫不避讳自己的性少数身份和对共产主义的向往，他画过不少建筑工人的劳作场景，带着深切的爱欲和同情。原来如彼。那么，与其说梅尔卡斯在皮埃尔画的是罗马松、海神和绵绵不绝的青春男女，不如说是切肤的情色礼赞与热烈的乌托邦幻想。他被西方现代艺术史遗忘，看来是生不逢时，若是今朝，单凭他的性趣、理想而非才华，就足以占尽博物馆和头条了。

比起关于梅尔卡斯的屈指可数的论文，针对巴斯奇亚（Jean-Michel Basquiat）的研究可谓浪潮生猛。古根汉姆博物馆的巴斯奇亚特展在8月里排起了长龙，是今年夏天这座巴别塔式的博物馆里唯一要限定人数的展；而31年前的8月，这位27岁的街头涂鸦画手因过量吸食海洛因，在格林威治意外身亡。等我好不容易入得门去，却不得其门而入。我并不认为巴斯奇亚狂暴线条所描绘的"与人斗"真的"其乐无穷"，但显然梅尔卡斯式的崇高美学如今在这个帝国主义的"首都"是不流行的。上东区要让人家看见它永远先进永远正确，是它且只有它在给时代领跑；保证做到这一点的一个方式，就是用最前卫的"作品"（直接叫"说

▲ 1967 年梅尔卡斯手绘的全景壁画。(2019 年 8
月 19 日摄于皮埃尔酒店圆拱大厅)

法"也行），装点它的饭店和博物馆，越革命越好。

好在中央公园以东，卡莱尔酒店（The Carlyle Hotel）还在。

装饰艺术风格的卡莱尔 1930 年开张，所有美国总统和几乎所有的欧洲王室都曾下榻于兹。年过八旬的伍迪·艾伦，在曼哈顿的午夜里，常驻在卡莱尔咖啡馆（Café Carlyle）吹奏爵士单簧管。今年秋冬季第一场演出的预售票，近距离欣赏伍迪的位置已经售罄。这让人平添惆怅，毕竟已经熬过了整个夏季，7 月和 8 月酒吧都不营业，连看到墙上壁画的机会都没有。1952 年，红尘嚣嚣，匈牙利裔的法国人马塞尔·弗茨（Marcel Vértes），凭一部电影《红磨坊》，轻取了奥斯卡最佳艺术指导奖和最佳服装设计奖。1955 年，他在卡莱尔咖啡馆，寥寥几笔，天上处子般地画上了他的马儿与少年。淡妆浓抹，相宜的总是情色功夫。

音乐务必是现场的，壁画当然要手绘的。卡莱尔酒店老派雅致，趣味怡人。在一切都隔着屏幕的现世，这真让人心安。笃定的侍应生，欣然的旅人，施然的常客，一切的仪态都端正又时髦。70 多岁的厄尔·罗斯（Earl Rose）是获得过艾美奖的作曲家，在白蒙酒吧（Bemelmans Bar）弹爵士钢琴 20 多年，如果听众听出来是他的曲子，掌声妩媚些，他就颔首致意，间或和客人闲聊几句。我问他现在一周来几次，他说 4 次吧；然后问我，知道墙上是谁的画吗？空间和时间一下子自由了起来，我答："哦，亲爱的罗斯先生，您和我现在不是在中央公园以东，而是在中央公园的原点，坐拥着 1947 年中央公园的四季。"于是他轻拍我肩："您说出了所有美国人的童年，不如合张影吧。"每个童年的记忆，都是神一样的存在。久远的，如中国人的哪吒，上溯到波斯帝国；切近的，如瑞典人的长袜子皮皮，和比她早几年"出生"的路德维奇·白蒙（Ludwig Bemelmans）笔下的小丫头玛德琳（Madeline）。

16 岁从奥地利来到纽约的白蒙，太熟悉酒店，太熟悉中央公园。他在紧靠公园南沿的利兹·卡尔顿酒店（Ritz-Carlton Hotel）工作了 16 年，在饭店便签上画了无数速写，直到出版商慧眼识珠。1939 年 9 月，第二次世界大战爆发的同一周，白蒙第一本《玛德琳》出版。无数新美国人借着玛德琳的巴黎，遥想回不去的欧洲。白蒙生前出版了 6 本玛德琳系列，发行 1400 万册，童书里全是他的巴黎和他的伦敦。只在这个原名"上东区边上"的酒吧（Upper East Side Bar），白蒙才画了纽约，把它浓缩进中央公园——卡拉韦尔修女牵着玛德琳和其他 11 个小女孩路过大都会博物馆，去坐 1908 年旋转至今的超级木马；贝壳乐池（Naumburg Bandshell）里，管乐队正在吹奏；动物园的笼子前，老鼠先生们在围观电影明星，猴子戴着帽子人模人样地在和银行家交易；在公园设计师奥姆斯特德（Frederick Olmsted）的得意之作"羊草甸"(Sheep Meadow) 上，上百只羊正在替他除草，直到 1943 年经济大萧条，饥肠辘辘的失业者挤走（吃掉？）

了羊群，露宿在草坪上……《中央公园的四季》是白蒙看见的和记住的纽约，我觉得这才是他的小真心、小噱头和代表作。

白蒙酒吧的吧台正墙，画着中央公园最早的地标毕士大池喷泉（Bethesda Fountain）。毕士大池原址在耶路撒冷，《圣经》里说是疗愈瘫痪者的圣地。这样一想，中央公园以东的这面墙，竟生出层层叠叠的隐喻来。

上西区艺人行

"有恒产者有恒心。"与画街头涂鸦的路数不同，在室内画壁画，业主多少是有江山永固的祈盼的。私有的地产主，不必像政府机构，搞得满墙的宏大叙事；实现点私人趣味和自由意志，不是太麻烦。不过，至少要给得出画师与业主双方都有面子的酬金。白蒙给酒吧画墙，看似分文不取，但一家人在卡莱尔酒店里悠悠地住了一年半。餐厅酒店，多少还算是公共场所。上得厅堂的，讲究的无非是个面子，说到底，面子也是里子。

上西区的 8 月，行迹本该寥寥，这是多数住户飞去南方晒倒在西棕榈滩上的季节。但也有例外，中央公园西南边的"艺人之豹"（The Leopard at des Artistes），华灯一旦初上，高朋自会满座，这是个画家、影星、议员、收藏家和基金经理聚居的高档街区。

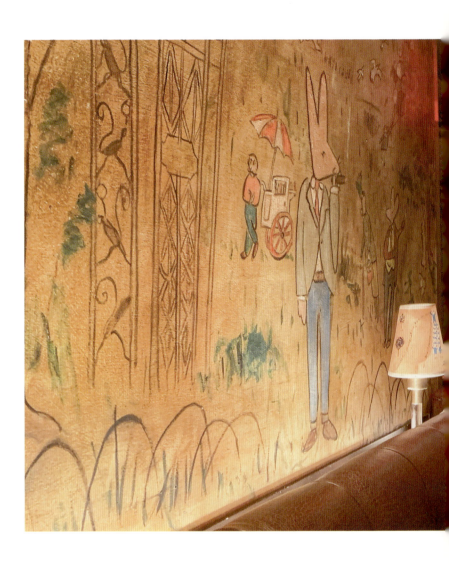

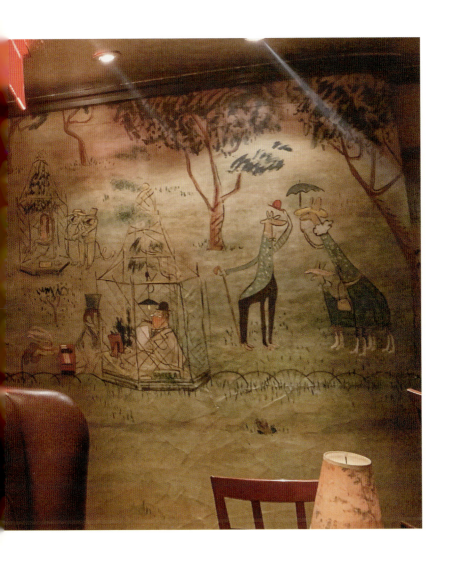

▲白蒙酒吧的四壁上是白蒙手绘的《中央公园的四季》。此处描绘的是中央公园动物园的场景。（2019 年 8 月 2 日摄于纽约卡莱尔酒店）

西 67 街 1 号是个叫"艺人酒店"（Hôtel des Artistes）的地方，其实是个酒店式公寓。1917 年，建筑师乔治·波拉德（George Mort Pollard）设计这座 18 层高楼时就特意把正面门楣上的滴水角兽（gargoyle）雕成画家、作家和雕塑家的样子，好像是在大声提醒——这是专为艺术家设计的！挑高超过 5 米的双层起居区和双层玻璃窗，为画家和雕塑家提供了在大型画布和装置上工作所需的光线和空间。像在北京的 798 街区一样，20 世纪初的西 67 街也曾是破烂空阔的工厂区，艺人酒店与其他 7 座专为艺术家设计的精美建筑（包括有 60 间隔音公寓的"音乐家大楼"）拔地而起，新兴的"艺人行"（Artist's Row）为 20 世纪初的曼哈顿开辟了独一份的艺术家飞地。

这些艺术家已然功成名就，不必挣扎着挤到格林威治村去，他们不是普契尼的歌剧《波希米亚人》里唱的要为"你那双冰凉的小手"去烧掉手稿取暖的无名之辈。实验艺术先驱杜尚（Marcel Duchamp）、现代舞创始人邓肯（Isadora Duncan）、插画家洛克威尔（Norman Rockwell）、默片时代的"拉丁情人"华伦天奴（Rudolph Valentino）、"垮掉的一代"的文学伴侣菲茨杰拉德夫妇（Scott and Zelda Fitzgerald）、纽约爱乐乐团指挥伯恩斯坦（Leonard Bernstein）、20 世纪杰出的芭蕾舞男演员纽瑞耶夫（Rudolf Nureyev）……这些人中龙凤、马中赤兔、"雏菊中的雏菊"，风度翩翩地出入艺人酒店，当然有时只是为了去一楼临街的"艺人咖吧"（Café des Artistes）喝一杯。最初，这幢楼不设厨房，不曾想这个上流社会的咖吧、沙龙和会客厅，不经意间记下了一部美国现代艺术家名录，成就了一座不可移易的纪念馆。

百年风云，物是人非。最后不可移易的，还是墙，和墙上的春色无边。

1915年，43岁的霍华德·克里斯蒂（Howard Chandler Christy）搬进艺人酒店，一直住到他1952年去世。在大萧条时期，艺人咖吧险些关张，克里斯蒂提议不如在墙上画上裸女，招揽生意。乍一听这似乎过于俗艳了，然而我竟坠落在上西区的黄昏里，长久地坐在靠楼梯的餐桌，三个小时不知肉味。越过着装刻意非正式却还是因袖扣拐杖、珍珠钻石暴露了身份的熟年食客的头顶，我一遍一遍环视餐厅里原有的12幅壁画中幸存的7幅：春的花海中，夏的喷泉里，鹦鹉的目光下，秋千的荡漾间……在饮食男女的欢声里，占据我脑海的始终只有三个字：思无邪。

无尽春光无尽恨，有限光阴有限身。

纽约是霍华德的福地，他出身俄亥俄州的乡间，16岁到纽约学艺，一度入伍，退伍后回到纽约，以一战征兵广告和战争国债海报爆得大名，当时他的模特是他的初婚妻子汤普森（Maybelle Thompson），这位"克里斯蒂女孩儿"（当时人们对霍华德·克里斯蒂笔下的这个形象的爱称）在1910年代出尽风头；而艺人

▶ 2019 年 8 月 6 日暮色四合中的"艺人之豹"
和"艺人酒店"。这个安逸低调的街区，人们
轻言细语，在这些名字里打着哑谜。曼哈顿上
西区的街角，风月无痕。

咖吧墙上千娇百媚的，则全是他后来的伴侣爱丽丝（Elise Ford）的样子。而且不用仔细分辨，也能断定与爱丽丝对望的，不是小说电影里的"人猿泰山"（Tarzan），而就是画家自己。

暮色四合时出门，遇到2011年接手艺人咖吧并将其更名为"艺人之豹"的潮范老板。他大约六十出头，一套齐整的淡蓝色麻织西装，脚下一双同色系阿迪达斯运动鞋，一辆蓝色特斯拉，非常上西区的扮相。他好像很接地气，故意平易近人，实际是格外阔的。"豹"老板一边打开鹰翼车门叫饭店经理出来搬书，一边与出门的熟客搭讪（这家饭店如今照旧做着左邻右舍的生意），然后问我，味道可好。我夸赞他花费巨资请了专业人士，壁画修复得很在行，如果灯光也能博物馆级就更好了。一个意大利裔式的回答完全在意料之中：有品！但我的佳肴才最博物馆呢。

上西区一不留神就是这样霸气侧露的节奏。他们已然视金钱如粪土，还特别热衷政治，餐厅里的"白人左派"们高谈阔论的都是人人平等、全民福利之类的"高尚"话题。

曼哈顿的街头，杂乱喧嚣，似乎敞开给任何人。但登堂入室并不容易，因为纽约在本质上是区隔的。每个圈层都有自己的领地，即使是饭店餐馆这类哈贝马斯津津乐道的所谓"公共空间"，难道不也是壁垒森严、黑白分明吗？"艺人之豹"里，多是冠以艺术之名的纽约丛林之豹。文化趣味无非是一层欲盖弥彰的面纱，是阶级鸿沟的一种约定俗成的修辞说法。

莱昂纳德·科恩出生于优渥的犹太家族，今年夏天在第五大道的犹太博物馆有他的特展"一切都有裂痕"，观众袅娜着蜂拥而至（这里的观众真没有身材走形的，在曼哈顿，身材也是阶层标签）。巨大的环绕立体声幕布上，不同年龄段的科恩显像在各个墙面上，恍然间有壁画的当代感。最大的展厅里，地上丢着好多个懒人沙发，纽约的文艺老年们长久地依偎着，和暗哑而性感的那个"轻度痛苦爱好者"一起唱啊唱："像钉在鱼钩上的饵，像从古书里走来的骑士。我为你收集着我所有的勋章。"

　　曼哈顿颁发的勋章，不少是画在室内的。人类声色犬马，进进出出。而它们不动，也不响。

2019 年 8 月 27 日写于弗里克艺术文献图书馆

人情展转闲中看，客路崎岖倦后知。

——辛弃疾

纽约三月望春残

2020 年 3 月

没有写日记习惯的人突然写起日记来，一定是日常变成非常了。报刊上此起彼伏的日记，从武汉看到意大利。2 月底，耶鲁大学中国问题研究专家戴教授，约我在切尔西市场附近的一家格鲁吉亚餐厅吃晚饭，她问我寒假调研结束后是否还会如常回国，那时候新冠疫情还只是纽约电视上的国际新闻，我完全没料到我将被迫留下来，并写下这样的日记。

3月12日（周四）

最近新冠疫情风声日紧，哥伦比亚大学的通知也越发越密集。4 日布朗克斯的"河谷"（Riverdale）居民区有人确诊感染新冠，那里也是哥大师生的宿舍区，学校马上启动了防疫预案。6 日，东亚图书馆告知我的讲座将如期在 27 日举行，但是招待会要取消，因为学校不鼓励分享食物；8 日获知哥大新规，不鼓励超过 25 人的聚会，讲座被迫延期至秋季学期。9 日和 10 日，突然宣布停课，为 11 日开始的网课做准备。一夜间，中国留学生打起了撤离纽约的前锋。博士生邝小哥前两天还在连轴转，忙着把古典学的教学材料搬上网，今天已经买好韩亚航空的商务舱准备从仁川转机回上海了。

我其实更早时候就知道回程的美联航停航了，只是最近才确认最早要四月底才能复航。既来之则安之吧，上午如常到哥大，东亚图书馆一向一位难求，今天却不超过五个人。我终于有机会独占靠玫瑰窗的整个阁楼间，把从库房里预约借出的四本绝版大型书，很奢侈地摊了一桌。

午后起身想去喝杯咖啡，溜了眼手机，吓了一跳，大都会博物馆宣布明日开始闭馆。这可如何是好？一直想看布鲁尔分馆的里希特（Gerhard Richter）个展，但最近忙于采访和查档，今天则不得不去，闭馆可没有期限。4 路公交可以直达，但我猜纽约的防疫暂未提上日程，估计没有特别消毒。赶紧背上相当"重大"的四本书，步行 40 分钟赶到。先在对面买面包充饥，感觉第五大道一切如常。沿路的橡树齐齐爆芽，一树树的红色，稚嫩无辜的样子。

展厅里人特别多，但极少有人戴口罩。这位健在的抽象画艺术家 1961 年从东德逃亡到西德，他的社会经历是有形的记忆，铺展在画面深处。这是近年来我看过的最好的抽象画展，没有之一。有思想、有技巧、有自我批判，勇敢而坦诚。所有被灌输过政治宣传，后又历经过自我排毒的人，都会有强烈共鸣。惊艳的是他新近创作的装置——多重棱镜之下，人们亲眼看见的又有多

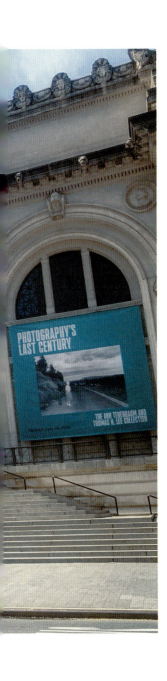

◀ 2020 年 3 月 24 日午后，大都会博物馆前。空荡的台阶和台阶前空置的小吃售卖车。

少是真实的呢？

大都会博物馆很多大展都如此受欢迎，包括纪念 150 周年的若干特展也都万事俱备，休馆应是不得已而为之，官网宣布有 2 名工作人员确认感染。晚间上网，第五大道"博物馆一英里"上的各个展馆都应声倒下，悉数关闭。

3月13日（周五）

惠特尼博物馆是纽约最后一个关闭的大馆，今天是最后一天。11 点过，我乘上史泰登岛火车，车厢里三个人，中途上下五六人，看上去像是墨西哥裔，没人戴口罩。下了火车要坐轮渡到曼哈顿，一名留着长发的白净亚裔电吉他手，正在候车大厅演奏莱昂纳德·科恩的《哈利路亚》。目测等候者少于百人，戴口罩者只有四五个，全部亚裔。再换 1 号地铁，一节车厢只有三人，一名年轻的华人时髦女性（看包看服饰，中日韩清晰可辨），戴着画着大红唇的口罩。

惠特尼博物馆人流如织，尤其是墨西哥壁画特展，迭戈·里维拉等代表人物一应俱全。"墨西哥革命"被策展人大书特书，我却看着有些"审美疲劳"，也有些"本能警惕"。这些"革命宣传画"隐隐嗅得出血腥的气息。"革命"，在美国左翼的词典里几乎是前卫、时尚的同义词，他们可以毫无风险地攻击自己的国家，却对某些地方的专制趋之若鹜。

最后一个工作日的展馆，只发现一名年轻白人男性和他的女伴的脸被罩着。一中年白人在波洛克（Jackson Pollock）作品前咳嗽了两声，众人无声立闪。这很特别，惠特尼的观众是体面阶层。衣帽间白人小伙儿，说本月带薪到月底，手上还有几份工，但也担心今后和其他没有备份工作的伙伴，旁边一年轻黑人女性频频点头。电梯工是个壮硕的黑人，说正好可以做点自己的事情，约姑娘、买衣服什么的。一黑人保安与白人管理员闲聊，说休馆后自己还不知道做啥，管理员则认为闭馆的决定有点大惊小怪。出门和一楼的黑人保洁工聊了几句，说他们放假要做全馆的消毒工作，大概休整两周就会重开。正说着，一对年轻人小跑着过来，"这家开着，太好了"，手里提着中提琴的盒子。

这个街区很像上海的新天地，轻奢。咖啡馆是标配，路口就有一家，可小妹说担心传染，不收现钞了；转去八街上的思索咖啡屋（Think Coffee），收现钞，用收银机，收银员没戴口罩，一杯咖啡一个无花果派。我问她怕吗，她说不那么相信新闻，但也不得不小心，接下来营业时间会缩短，报酬怎么算老板还没说。从落地窗望出去，有新闻团队对着人流明显减少的街心小广场录播，主持人眉飞色舞。

山雨欲来。

晚得知新闻，特朗普宣布国家进入紧急状态。

3月14日（周六）

想网约几本书。一早登录纽约公立图书馆官网，却惊悉从今天开始全系统闭馆，包括 42 街的研究图书馆和所有社区图书馆。要命啦！前者我一周要去两三次，很多珍稀好用的善本随去随取；后者是我日常在调研缝隙安静写作的地方。

中午 11 点 25 分，哥大宣布即日起所属各个图书馆按照有限时间开放给持本校校园卡的人员。电邮得知，通过哥大从普林斯顿大学馆际互借的一本罕见传记已经到达东亚馆前台。一天之差！电话追去咨询，"很抱歉地通知您，外来访问者谢绝入内"。一个个官网查过去，天啊，秋风落叶般，纽约历史学会图书馆、弗里克艺术文献图书馆、摩根图书馆等一应关闭。没得图书馆、博物馆可去的纽约，于我还能有多少魅惑和风情！

悻悻然去了李家小馆（Lee's Tavern），很疗愈的小酒馆。门上贴了张 A4 纸，写着政府要求减少客人人数，避免传染。店主迭戈是土著，快 40 了，日常生活半径不超过 5 个街区。他说政府让贴公告，满座 110 人，现在只允许 65 人，平日你知道的，没有不等座的，200 人不在话下，但昨晚开始客人就少了。他说估计人们还是很担心的，再说新闻天天狂轰滥炸，大家去超市囤了那么多吃的，不在家吃完咋办。"店里一般都是十块二十块美元的街坊小生意，他说啥时政府命令关咱就关，没生意可怕，没命更可怕。"

电台里法兰克·西纳特拉（Frank Sinatra）唱着"我走我的路"（I do it in my way），我觉得不得不配上一杯"处女玛丽"，据说1930年代从巴黎带到纽约的这款最难喝的鸡尾酒，被重口味的纽约人再加番茄酱、辣椒酱、芹菜汁、芥末、胡椒、橄榄甚至盐，重冰之下，五味杂呈的底色是寒彻的。

3月15日（周日）

微信上很多亲友劝我去囤点货，也好，有备无患吧。

最近的"超级新鲜"（Super Fresh）是史泰登岛上较大的超市，周日是常规购物时间，但并不拥挤，果蔬齐全。就是卫生纸、食用油、意大利面调味酱、面包和肉类（如汉堡、香肠）的货架空落，一张纸片上写着"抱歉，肉制品明日会补充"。收银小妹说工作量是平常周日的两倍，问她为什么不戴口罩，她说防疫指南上没写这一条。

再去"番茄一级棒"（Top Tomato），也是当地超市，偏向服务意大利裔，新鲜的马苏里拉（Mozzarella）奶酪总是温热的，30美元买了2条极新鲜的海鲈鱼和当天的面包。如果不是工厂生产的袋装切片面包和速冻意大利面的货架零落，不会感觉有任何异常。

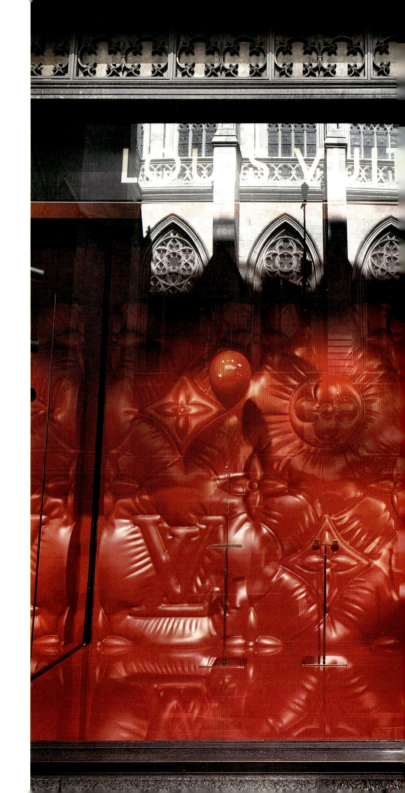

◀受疫情影响，曼哈顿闹市中心客流骤减。2020年3月24日，纽约第五大道和东50街路口，路易威登旗舰店橱窗中的样品已被全部清空。上端是马路对面圣帕特里克主教座堂的镜像。该堂3月15日起因疫情影响不再对公众开放。

路过好几座教堂，门上告示都一样，说所有纽约大主教区10个县的天主堂即日起暂停礼拜。看曼哈顿圣帕特里克主教座堂的网站公告，果然如此。但那里每天早上8点还是有一场不对外的礼拜，通过网络、录像和天主教电台转播。

下午去公园。纽约州所有公园疫情期间免费开放，政府鼓励民众多去公园。粘土坑池州立公园（Clay Pit Ponds State Park）有专门为骑马者留出的行步道。估计是因为水域面积大，担心冰面滑，公园没有开放骑马，容我在马道上畅行。我突然很想念上海老姐阿红家的德国黑背卢卡。孤寂的时候，人是多么需要狗；但有人一闹猛，就会把狗忘掉。动物不说话，但不会负人，更做不出栽赃的事。抬头看美国梧桐（Sycamore），高健硬朗，本是我很喜欢的直男样子。可这种悬铃木的果实如今落满一地，怎么看怎么都像新冠病毒。如今，连纽约植物园都关门了，兰花展再著名，也只能芳菲自怜。前年去看那里举办的全球植物画比赛，美桐果多刺凹凸，引得众多画家技痒，如今却让我生出恹气来。

3月16日（周一）

开启自我隔离模式。宅在住处，消息不请自来。

海伦的护工一早坐了出租车来，说是担心通勤的铁路人多传染病毒。之前她甚至要求睡在海伦家，以免来回通勤被感染。她从南美洲最贫穷的国家玻利维亚来。一会儿就和女儿用西班牙语视频，女儿告诉她，那里每家每户都在屋内的四角上摆放了大蒜，说是杀菌。21世纪亲耳听到这个说法，还是要记一笔的。她又听说只要两周不出门，疫情就会消失，而且万分坚信。

海伦的孙女从佛罗里达来电话。她在兼职做餐厅侍应，说是政府规定减少就餐人数，原本350定员的餐厅只允许有250人，但根本就没几个人影。因为收入主要是小费，旅游旺季断了财源。尽管她对疫情的严重性一点也不当真，但人群里的恐慌她很明白，一张张桌子都空着。

安德鲁，一名曾经的被访者打来电话。他是建筑工地上的襄理，说今天一直奔波着在买手套和口罩，已经买了不少，但还要再备一些。因为这些玩意儿都"made in China"，估计很快美国的库存就卖空了，问我有没有买口罩的路子，好像口罩问题只有中国人最有办法。"工地上那些工人没文化，都是粗人，戴口罩？讲不听的，特他妈麻烦！小学还关门两周，后面还不知道咋弄呢。两周就搞定了？真他妈狗屁！是可以去拿早午饭，但专门为取饭跑两趟吗？"这哥们小时候跟着父母从波兰移民过来，他因此感觉和我是说得上话的。

3月17日（周二）

继续宅。

一早，隔壁 85 岁的贝蒂老太过来串门，她穿着鲜艳的绿色毛衣，戴着更艳的绿色塑料长串项链，上面写着"圣帕特里克节快乐"，说是准备好了下午出门去准儿媳家聚会，有 8 个人参加。怎么说好呢，美国人至今不当回事儿，大多把两周的禁闭当成了聚会、野餐、远足之类的自由时间。

一问，果然，她妈妈是爱尔兰移民，父亲是二代希腊移民。美国的爱尔兰移民是排在意大利裔之后的第二大群体。节日的主色是绿色，来自圣帕特里克引导爱尔兰人皈依天主教的三叶苜蓿草的本色。原本曼哈顿今天要绿疯一天，畅饮爱尔兰啤酒。当然，最要紧的是盛大游行，但是今年涉及 15 万游行者和约 200 万观众的游行因为疫情而取消，这是 1762 年以来的第一次。

"这真让人沮丧，好在我们游过了。也好，这样就不用为了什么同性异性之类的把整个纽约闹翻天了。"史泰登岛 1 号就游行过了，因为预选出的"史泰登小姐"临阵声称自己是双性人要穿彩虹衣上街而被组委会取消资格，而岛上的 LGBTQ 彩虹协会申请了十年要举牌游行，但一直未被允许，越来越气愤，"依据性别来拒绝个人和组织参加游行，这是侵犯人权！"游行委员会主席卡明斯（Larry Cummings）斩钉截铁："他们以个人身份可以游行，但咱们是个天主教节日，不是性别身份认同的游行。扯啥扯，举牌就是不行，不行就是不行。""是条汉子"，有不少直男挺他。史泰登岛是纽约五个大区中唯一禁止在圣帕特里克节游行中出现彩虹团体标志的。美国最高法院1995年裁定私人组织可以决定其游行参与者的资格，这正是对多元文化思想的一种高级捍卫。当多元价值被视作绝对的政治正确时，会以所有人的权利之名压制个人权利，这势必会把人类引向它所追求的正义的反面。多元价值的理论根基是平等，而不是自由。

他们的年龄已不允许他们再去参加任何游行了，而让这群美国老人家有切肤之痛的，是每两周二晚上的宾果（Bingo）游戏从今天开始取消了。这个小区一共两幢楼，40户人家，大多数户主年龄偏大，这是他们能聚在一起乐呵的不二选择。日子一到，老头老太们就早早吃好晚饭，老太们涂着红唇，老爷子们好几位还戴上了礼帽。每次聚会都有二十几位衣冠楚楚地坐在地下一层，平均年龄80！老伙伴们你一言我一语，调笑一个半小时，有理有节。这下可好！前天去信箱取信时遇到95岁的约翰，他二战时参加过诺曼底登陆，得过"紫心"勋章，"和中国人民一样是盟军"，所以也觉得和我说得上话，"才不信那些鬼话呢，不就是大号流感吗？怎么就不能一起玩了？吓唬谁呢？"

3月18日（周三）

积了几件必须出门办妥的事。需要一支新牙刷，看见保健品商店 CVS 告示上说，洗手液一户限购 3 瓶，一户怎么个查法？此地户口的没有，革命靠自觉了。顺带去邮局，把我的书和论文寄给蔡美人和邵前辈，原本约杯咖啡的想法如今已不现实了。邮局进进出出的人不少，不时有人往邮筒里投封，这几乎是在上海不易见到的景象了。担心银行也会关门，赶着去镇上的大通（Chase）银行兑了一张支票，进门有洗手液，也有防疫提示。

在喜欢的面包房帝王皇冠（Royal Crown）买了法棍，他们家用木头烧砖窑，小妹说昨天开始就不许堂食了，但生意也差不多，糕点和面包原本也是拿了就走的多，咖啡反正也能打包。再说他们家一直都有预订的业务，只是多一些量罢了。倒是不少店家新增了免费外送的服务。

我最吃惊的是艾记（Egger's），1932 年的家传冰激凌店，永远排队自取。有堂食，老老少少坐在一起吃冰激凌，是岛上其乐融融的一景。美国的甜点我不敢恭维，甜到不可思议，这说来话长，与美国移民的阶层和世界糖业的发展史有关。但这家店我是爱吃的，醇厚浓郁，"略胜一勺"（A Scoop Above the Rest），这广告词傲娇得溢于言表，现在居然也全岛外送，而且是冰激凌啊。真是悲欣交集。

下午 5 点半，本是下班高峰，今天倒是国宾车畅行待遇。路边清静得很，回家上网，才发现纽约州已经要求杂货店、加油站、药店最晚 8 点要关门歇业。赌场、健身房、剧场全部关门直至另行通知。纽约州所有的学校最晚 18 日放假，直至 4 月 1 日，春假就这样硬生生长了一周。

3 月 19 日（周四）

各种媒体都在说，新冠病毒对 60 岁以上的长者最为不利。今天开始，岛上的 5 家超市开设了清晨 6 点到 7 点半的长者专场，要查证件。3 楼 93 岁的老太弗朗斯来串门，未婚独居，她之前在美国全国广播公司（NBC）做总经理大秘，自认在第五大道的白领中也算是"掌控过大局的"。她说："我可起不了那么早，再说一直都是护工陪我去的，她不到 60 岁，我们怎么办呢？"她从来不做菜，"我是住曼哈顿的呀，一向是吃馆子。医生也是定期要看的呀，有毛病没毛病都是要看看医生的呀。现在可好，都不能去了嗒。"我只好安慰她，至少饭店还是可以打包的。

一早看《史泰登前进报》，头版头条刊登消息说，纽约市第一家新冠病毒感染监测点在史泰登岛建成并投入使用。这得去瞅瞅。专门乘车前往，车开到路口就看到很大的路牌，写着"仅限检测者车辆通行"。路口有戴着口罩的军人把守，也看到不少警车，不得近前。不时有人打开车窗张望，军人都会大叫"关窗关窗"，果然他们脚边的牌子上写着"保持车窗关闭"的字样。远远望去，停车场上有不少白色的帐篷已经支起来了。看来是征用了南岸精神科中心（South Beach Psychiatric Center）的停车场，靠近韦拉扎诺海峡大桥（Verazzano-narrows Bridge），与纽约其他几个区一水相隔，过桥就是布鲁克林，再过去就是曼哈顿了。

路过面包店，看到有圣若瑟（St. Joseph）糕点卖，想起今天是圣若瑟节，这是意大利裔过的节日。挺好，这里的人们还没有忘记过节。比萨、蛋糕上都撒着厚厚一层面包屑，象征着木屑，因为耶稣的义父若瑟是个木匠。本色的信仰遗迹真是天真可爱啊。

遥想远远的意大利，据说疫情凶急。我的心灵的爱人啊，愿耶稣之父保佑你！

3月20日（周五）

宅。亦喜亦忧。

中午收到一个大信封，是纽约大学人类学的陈马小姐赶在出发前一天给我寄的。她原本计划暂时待在纽约，后来学校鼓励大家搬出去，因为校舍可能被征用，临时决定回上海，临走前把余下的父母寄来的口罩套了两层塑料袋，留给了困守的老阿姨。多么贴心善良的年轻人！傍晚从洛杉矶回复我的微信，说原定下午的美国航空的航班人数太少取消了，改成了上午的。机上不到20人，一半戴着口罩。还要再转道香港，真是辛苦，我叫她赶紧在机场吃点东西。她回复说："机上准备不吃不喝了，据说屏牢比较好。"

　　下午收到阿方斯的弟弟维尼的电话，说是么弟汤姆感染上了新冠。他们兄弟三人联手经营着加油站、修车行和洗车行，还请当地画家勒贝多画了满墙的星条旗。2018年夏天我采访他们，写了调研报告，收入我的人类学札记《那是风》里，去年底才出版。前一阵我联系他们，想着把新书送过去。"汤姆咳嗽、发烧一个星期，差不多好了。他是我们家第一个确诊的，我们也不明白他是怎么感染上的。车行里人来人往，可我们每天都在一起干活呀。对了，他是二月中做的肺癌切除手术，估计身体没有恢复到他以为的那么好吧。"我赶紧再问为啥说是第一个。原来汤姆的太太这几天也开始出现重感冒症状，接着是维尼自己，但他们都觉得问题不大，不愿意费心劳神去核验，维尼准备把自己关足14天。他的表弟也确诊了，这家伙非常年轻，全程没感觉，期间阅人无数。我见过他们90岁的妈妈，很担心。"没事的，你忘了我老婆卡罗琳了？她不是在新泽西州医院做护士长吗？不过这几天够呛，领导都不看门诊，防护面罩也不够用了。昨天领班让她接待新病人，她说'没有面罩怎么上？你和我一起上？'"说啥才好呢？只能问维尼我能帮上啥忙不。"最近不要来见我们！我们爱你！"

3月21日（周六）

继续宅在住处。

想起我的采访对象，热爱中国皮影的德裔老太太韩佛瑞，93岁，独居，会不会没得吃？电话过去，没有人接。找到另一位也认识她的友人，给我另一电话，打过去一问，原来是在自驾！三小时去了马萨诸塞州91岁的妹妹家。"我觉得这可能是另一次'西班牙流感'。1918年到1919年，我还没有出生。据说最早发生在美国人的军营，西班牙人叫它'法国流感'。当年一战都因此提早结束了。"又打了一个电话到缅因州，安（Anne）88岁，目盲，独自住在养老院。"这周一就不许探视了，哈比（Hubby）小哥哥也不敢再溜进来了，否则违反了规定会被取消住宿资格。很多人被孩子们接回家了。早上还可以四人一桌，因为很多人不起床吃早饭。中午人多些，只允许两人一桌了。说是这两周不许探视，但我担心会延长。"我答应会经常给她打电话聊天。2月底去采访，看见她有一个电子智能终端"Amazon Alexa"，听从她的语音命令，帮她接电话，开收音机，放音乐。我倒是第一次对这玩意儿产生了好感，觉得它并不仅仅是"沙发土豆"（Couch potato，指拿着遥控器蜷在沙发上整天看电视，像土豆一样一动不动越来越胖的人）的懒人借口。但目前 Alexa 还听不懂中文。

中午趁人少出去补充下周的吃食。岛上分为很多小镇，镇中心是购物街，啥都有。我看见文迪（Wendy）正在关门。"今天所有美发美甲店都要求关门了，可以到晚上，我现在关了算了。一会儿理发的太多我也招架不了。"旁边的唐恩都乐（Dunkin' Donuts）甜甜圈店，座椅都放在了桌子上，只可以外卖。超市明显有了经验，肉、卫生纸、洗涤剂、番茄酱、面包这类上周末空架的物品，现在都补得齐齐的，价格也和原来一样，只是"来苏水（Lysol）限购，一客一瓶"，当地非亚裔戴口罩的多了起来，收银台前刚装上了一米见方的有机玻璃挡板，人们努力保持着距离。

纽约终于意识到什么了。

3月22日（周日）

2月底我在华美协进社演讲，美国中国问题研究专家戴教授专程从耶鲁大学赶来现场，晚上一起餐叙。那时美国岁月静好，国内疫情严峻。我们长久不见，只能说着病毒吃着饭。她当时说，本来计划2月国内开学就要赴京开授苏世民书院（Schwarzman College）的课程，因为北京疫情胶着改成网课，所以 3 月初我在哥大的工作坊，她也能来。我没听说过这所学校，后来专门到这所中国顶尖学府的官网去查，原来是"专门为未来世界的领导者持续提升全球领导力而精心设计的硕士项目"。3 月初，她说情况有变，改成所有师生前往阿布扎比集中面授，3 月底不能来哥大了。这两周的新英格兰地区可谓急风骤雨，中美已是同病相怜，她还敢去阿布扎比？安全吗？赶紧给她发电邮，很快戴教授就回了信。恕我孤陋寡闻，多少有些意料之外：美国还没状况的时候，16 名中国学生已经飞往埃及，自我隔离了 14 天；后来风向大变，面授计划再次取消，网课重提议事日程。她已经做了第一次线上讲座，111 人在线，还有 50 人要稍后看录像。其中 140 名是学生，散布在 18 个时区，教学管理和技术人员则分散在 6 个时区。我的天，时区！这肉眼看不见的病毒恐怕才是大象无形的"全球领导力"吧？

　　下午还是去公园自己遛自己。回来路过一家熟悉的餐厅，他家自制的新鲜番茄酱十分诱人，而且从来不吝啬给夸赞的客人再免费送上一份。时届傍晚，门口站着三个人，一个戴着口罩，路边停着三辆车。店堂里不是往常灯火通明的样子，我正好奇张望，那位金发前台小妹立马推门小跑着出来问，"贵姓啊？"原来她以为我点了外卖来取餐，我忙说："我没有点。你们提供外卖？""是的，菜单上原来有的现在都可以点"。我并不喜欢外卖，主要是对一次性餐具潜在的环境污染有抵触，但我觉得此刻还是要支持一下。"那就来个九寸披萨加一份炸鱿鱼圈吧。""要等一刻钟行吗？谢谢帮衬啦！"她说上周三开始不许堂食后，生意尚好，都是一帮街坊老主顾。

刚进门吃上披萨，就听到电视新闻里特朗普的讲话，紧急状态后这老头每天都讲，他说"很感谢饭店都在努力改做外卖，维护工作机会并提供社区服务"。今年是大选年，疫情给了民主党和共和党大打政治牌的时机，媒体已然刺刀见红，断章取义谁都是一把好手。《纽约时报》骂特朗普最凶，那真叫一个狗血淋头；但他雷打不动，顶着一头飘零金发天天照讲，美国人习以为常。想起一位医生的话："一个健康的社会，不应该只有一种声音。"

3月23日（周一）

今天纽约市所有非核心商业机构禁止营业，要求非核心工作居家办公。

老天很帮忙。大雨。一整天。

下午雨更大了，室内已经听得到雨声。给之前的采访对象"黑伙计"打电话，工地上大伙儿都这么叫他。以我的社会语言学出身，其实并不觉得"黑人"（Black）是个"政治不正确"的说法，反倒是美国所谓"政治正确"的"非洲裔美国人"经不起科学、伦理和道德的推敲。"黑伙计"人憨厚，五十出头，英语有牙买加口音，在一堆说西班牙语的移民工友中，常帮着跟说英语的经理沟通，人缘挺好，整天乐呵呵的。果不其然，他正在工地上，"你们今天上班违规吗？下雨哦。""下雨不怕，结构都好了，现在都在里面。我们上班的，人数要减少，今天只来了9个，在自愿的人里面轮流。"他们正在改建的是一幢位于上东区的别墅小楼，一名法国富豪的私产。这些天疫情的风声紧了，左右两幢豪华公寓里的律师们、教授们、交易员们，本来就对噪音恼怒得很，各种投诉，现在更是巴望着这些乘地铁等公共交通上班的"隐形病毒携带者""立地消失"。

纽约的"政治正确"很多时候是一些人嘴上的口红，扮靓用的。他们给韩国电影《寄生虫》各种热评（热捧到奥斯卡"最佳影片"等四项大奖在握。我也听到不少美国人问那为啥还要设立"最佳外语片奖"呢？），但他们一辈子都没有住过地下室，也没兴趣去搞明白"穷人身上的味道"到底是怎么来的。

"不上班咋办？吃什么？工资一周一发的，眼瞅着又没了，昨天女儿又问我要钱呢！"他的女伴儿跟人跑了，女儿20多岁，没有稳定收入，老爹是唯一的现金流。"我们都壮实着呢，不怕的，而且我们都戴上口罩了呀，是不舒服，那咋整？不过真染上了，歇一阵也能扛得过去。"我问，怎么今天听上去不开心啊？他说午饭的时候他们又挤在一块木板上吃，被安德鲁恶声恶气地轰开了。我觉得安德鲁的做法绝对正确，可是，放下电话，我也不开心了。

3月24日（周二）

离上一次在曼哈顿已经有十天了，耐不住还是想去看看。最主要的原因，老实说是人类学的职业病——参与正在发生的历史，是这门学科的天命。

今天晴天，觅到一位靠谱的老美，戴好口罩手套，说好就开车绕一下几个地标，还约法三章：一路不吃不喝，不去人多的地方，尽量不下车。

车开过韦拉扎诺大桥，开到布鲁克林大桥的时候，就发觉出门的人还是不少的。桥上虽然不像平日里堵得开开停停，但说川流不息也并不夸张，毕竟是下午一点的时候。过桥就是东河快车道，紧邻的沿河步道上，跑步的年轻人居然比平日里多。中央公园也是一副游人如织的样子，只不过织得松垮一点罢了。也是，又不上班，又不能去喝咖啡、聚餐，除了跑步逛公园，还能干啥？曼哈顿沿街的商铺大门紧闭，橱窗空落，给我凌晨进市区的错觉。但晨光熹微的曼哈顿真是美，越来越密的开门声慢慢醒来，清冽的空气里出现越来越浓的咖啡味道。而现在，艳阳下的大都会博物馆，一贯密得难以插足的偌大楼梯（在美国叫"楼凳"更合适）只有五个人。第五大道上人车稀少，倒是看到好几

◀ 2020 年 3 月 24 日，一名摄影师站在靠近第五大道的东 50 街的马路中央，拍摄疫情来袭后空寂下来的第五大道。这个路口有洛克菲勒中心、圣帕特里克主教座堂、萨克斯第五大道百货公司等纽约市地标建筑。平日里川流不息，拥堵闹猛。

位摄影师长枪短炮地立在路中央，功架十足。

驱车去格林威治村。华盛顿广场上看不见一名街头艺人，原本坐满人的喷泉也终于看得见完整的弧线了。这个街区小店多，小资情调的饰品店、古着店不许营业了；给学生们解馋的小食店也做不起外卖，大多关门了事。

车到东村，我不由得想起韦记（Venieros's），这家店尽管一贯人多到要取号等叫半小时以上，但只要到了东村，我还是会绕道而去。首先当然是因为好吃，二是欠了一份人情。前年夏天路过，我说就要一只香炸奶酪卷行不，店家立马笑着递给我，"直接拿走吧，下次再来哈"。这话成了魔咒。我说给车主听，他居然说他过世的外婆小时候就住对街，老板认识的，待人大度！于是，"约法三章"作废，一脚油门而去。当然我们也担心它会关门，毕竟是自家的产业，无所谓房租和业绩，关一阵子也是有可能的，但开着则需要担上不明的风险。他们不仅开着，橱窗上还贴着告示："特卖！满45美元打8折，你真的还需要想一想吗？"不用想，这世界还不是太坏。

今天的新闻说，哈佛大学校长确认感染新冠病毒，之前他给学生的公开信刷屏，尤其最后一句"我们的任务是在这个非我所愿的复杂混沌时刻，展示自己最好的品格和行为。愿我们的智慧与风度同行"。

我站在韦记的橱窗前，看着店里忙碌的年轻人和依照人数限制安静进出的客人，很感性的慰藉在心底荡漾开来。纽约这样地道平民的城市地标不多也不少，是活着的、老百姓自己的故事。在19世纪末20世纪初的前后半个世纪中，有450万意大利人移民美国，相当于当时意大利人口的三分之一。1885年，老韦尼耶罗斯还是15岁的少年，从优美却赤贫的意大利南部村庄出发，挤上驶向纽约的甲板。南意移民基本上到纽约就是苦劳力，大部分"农民工"打工攒到钱，就回去接着种地，而韦尼耶罗斯留了下来。纽约不相信眼泪，只有足够"硬核"（tough），才有资格成为"纽约客"。他在饼干店学徒9年，于1894年经营起韦记糕点店，在当时还是贫民区的东村开门迎客，如今开业125周年，传到了第五代。19世纪末，欧洲战事频临，为了活下去，他们背井离乡；20世纪30年代经济大萧条，靠卖小份点心，他们让街坊邻居有了短而小的快乐，也帮自己挺了过来；如今新冠疫情，他们做好防护，大方大气，开门打折。人生路长，我偏爱这样的邻居，也坚信深植于民间的不忧不惧，才称得上硬核的"智慧与风度"。

生生不息，静水深流。巧克力蛋已经摆上，兔爸兔妈正整装待发。复活节总会来临。

2020年3月25日完稿于史泰登岛阳台湾

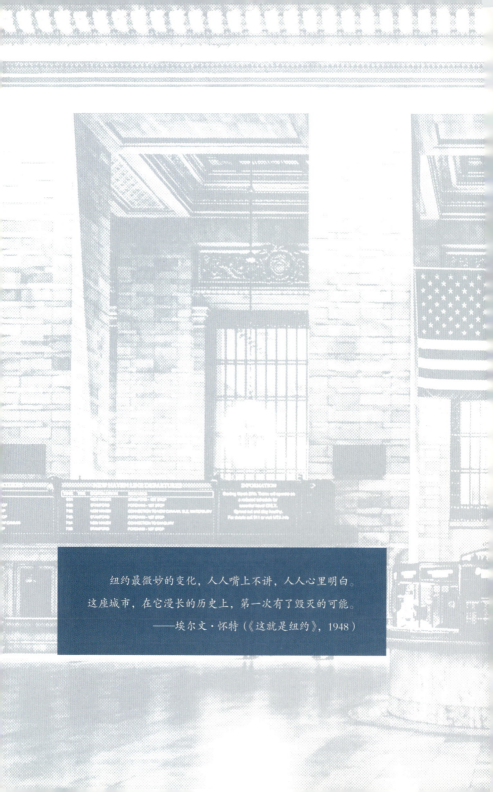

纽约最微妙的变化，人人嘴上不讲，人人心里明白。
这座城市，在它漫长的历史上，第一次有了毁灭的可能。
——埃尔文·怀特（《这就是纽约》，1948）

正确与不正确的一百天

2020 年 3—6 月

2020 年 2 月末，极寒，去缅因州拜访富路特（L. Carrington Goodrich, 1894—1986）和富平安（Anne Swann Goodrich, 1895—2005）夫妇的一双儿女。3 月 1 日返回纽约，晚上八九点，给妈妈打电话，相当于武汉 3 月 2 日的早晨。到底是老娘，"怕么事？我都 83 了，心里有数得很。你那边么样啊？"我说纽约安全，一个病例都没有。第二天一早，纽约州长科莫（Andrew Cuomo）在广播里喊：纽约市曼哈顿岛，从伊朗返回的 39 岁女性，昨天确诊，成为纽约州首个新冠病毒感染者，"会出现社区传播，但是没有担心的必要"，"可防可控"。

民主党的这个官二代，从此成了电视屏保，天天声情并茂，与特朗普打上了擂台。新闻还是宣传早就分不清了，双方辩友都很卖力，塑造民众"正确的集体记忆"。5 月 29 日，这人又喊："纽约有望 6 月 8 日复市。历史上没人重启过纽约，历史上没人关闭过纽约。这要记上我的功劳簿。"

别扭吧？是我的脑子坏了还是他的脑子坏了？一提起灾难，就不由自主地深以为伟大并自我感动，难道不是一种智力残缺或情感障碍？凭君莫话封侯事。3 月 24 日此君还在和特朗普吵架，"呼吸机联邦只给了 400 台，纽约急需 30 万台！"

3 月 1 日到 6 月 8 日，整整一百天。纽约，无法呼吸。

三月："破坏实验"

三月之前，纽约还是纽约，埃尔文·怀特70年前就下了定义："纽约是艺术、商业、体育、宗教、娱乐和金融荟萃之地，在这么一个浓缩的竞技场上，挤满了角斗士、布道者、企业家、演员、证券商和买卖人。"然而，三月来了。

靠近市区北端的西切斯特（Westchester）县，住着一名天天到曼哈顿42街上班的律师。2日确诊，可能是他也可能是他的家人参加了犹太教堂的活动，反正后果很严重，当地3月5日8个感染病例，3月8日82例。3日之前纽约做过感染检测的不到20人，但州政府和市政府"一切尽在掌握"，10日就往西切斯特调集了国民警卫队。4日与哥伦比亚大学一步之隔的布朗克斯疫情暴发。11日到13日，哥伦比亚大学和纽约大学同步决定远程授课测试，校园蒸发到了Zoom上面。美籍华人袁征估计惊掉了下巴，当年他从山东出国被拒签过8次；而拜疫情荒诞紧逼的天意，2011年他研发的这个视频会议应用软件就这样席卷了全球。嗅觉灵敏的中国留学生开始撤离，光纽约大学就有超过5000名中国学生。逃亡还是留守？这是个莎士比亚级别的问题。"To be or not to be"，朱生豪1943年译成"生存还是毁灭"，第二年不

到 33 岁被肺结核凄然毁灭，也是飞沫传播的传染病。不祥与恐慌深埋人类的基因。不知所措的超级都市，困兽惊惧。

3 月 12 日早间，大都会博物馆通知当晚闭馆。赶去布鲁尔分馆，抢看了里希特的个展"一切归于绘画"。这是一个非常严肃的展览。德国人何以反省纳粹的残暴？而极权会借着人性怎样的弱点堂皇吃人？大都会乃第五大道"博物馆一英里"的旗舰，晚上一个个网站点进去，闭馆、闭馆、闭馆……，图书馆、剧院、学校、教堂应声倒下。上东区大道上空留着广告旗，从 2 月到年底，写什么的都有，是一张张已经毁约或誓不兑现的苍白婚约。

13 日，惠特尼博物馆，穿过熙熙攘攘赶末班车的头顶，特展"美国生活：墨西哥壁画家重塑美国艺术"（Vida Americana: Mexican Muralists Remake American Art）的前言似乎豪情万丈："墨西哥在 1920 年代革命结束后，经历了彻底的文化革命。艺术与公众之间建立了新关联，直接向人民宣讲社会正义和民族生活"，当下美国艺术家要"去创造美国历史和日常生活崭新的历史叙事，以艺术来反抗经济、社会和种族的不公"。在纽约知识阶层引以为豪的"政治正确"里，有太多的似曾相识。瘟疫不是革命的充分条件，但它突显了矛盾、引发了混乱、攒够了干柴。闭馆百天后，惠特尼博物馆的首页，馆长表态"我们站在黑人社群那边"。然而，同志们，"黑人"一词的用法正确吗？1960年代倡导民权，"黑就是美"（Black is beautiful）；之后不可用肤色称呼人，要改说"非洲裔美国人"（African American）；1980年代美国又"身份政治"了，"黑人"一说成了斗争的铠甲；"黑人的命也是命"2013年爆发，当下正在风口，5月底的纽约下城，要把"旧世界打个落花流水"。6月8日谷歌公司表态，"黑名单"一词不正确，要改说"禁止名单"。语言，被人心任意摆弄，人类无非是举着它的旌旗翻覆云雨、自作自受罢了。

1954年，美国社会学家加芬克尔（Harold Garfinkel，1917—2011）提出"常人分析法"，来研究普通人的行为处事。历史不是在和纽约开玩笑，巨型的国际都会成了他著名的"破坏实验"理论的标准实验室：通过在社会生活实践中的某些部分引入混乱，造成局部失范，从而发现实践活动的内部规律。以打破常规来发现常规，如此拗口的学理在纽约的日常里通俗易懂：3月中，肉制品、意大利面、面包等主食和调味酱料的货架空了，一下子明白美国民众的基本伙食都是啥。3月底，卫生纸、洗手液、消毒剂的货架，贴上了限购的纸条，纽约人用起清洁用品向来有

▶ 3 月 31 日下午 2 时许，无人围观的华尔街铜牛。

种不羁的豪迈，这不是卫生意识升级了，而是对疫情的漫长何其恐惧。

再看纽约市的"金领"人口分布。第五大道 1140 号是上东区老牌古典豪宅，阿尔巴尼亚裔的门房告诉我一半的住户都出游了，可见至少半数左右的年长"上等纽约客"在山区或海滨是有度假别墅的，而且是"到下城东河边直接坐直升机就走了"；再去中城 57 街东 117 号，这幢靠近中央公园的新式豪宅有约 200 个单位，熟识的斯里兰卡裔（纽约门房的族裔很有意味）保安说，现在真住在里面的只有二三十户——很多房主是外国人，买套公寓不过是在纽约置办一间私家旅馆客房罢了，现在谁还敢来；本地房主大多去了度假屋，这既说明世界范围内"new money"（新贵）在"old money"（贵族）面前已是毫不怯场，也可见纽约的"高尚社区"并不是纽约人的了。不过这也是全球现

象，普通话和英文在上海市中心都比上海话好用。两幢楼里这类主动、快速、自觉的"金领隔离"，世界各地都有，其中会写字的还写了不少精致高尚的文章，比如法国龚古尔文学奖得主斯利玛尼（Leila Slimani）3 月 13 日离开巴黎，逃到度假宅邸开始乡居隔离生活，并在风景如画之地为《世界报》撰写"疫情日记"，连载 6 篇即被叫停，被认为是"何不食肉糜"的法国版。

23 日纽约市所有非核心商业机构禁止营业，非核心工作开始居家办公。下午 4 点的中央车站（Grand Central Terminal），全天候的喧嚣嘈杂一下子彻底静音，目光所及，绝不超过 20 人。4 名男性摄影师长枪短炮，2 名男性旅客快步流星，其他全部是向你走来的男性乞丐。我夺门而出。

谁建造了纽约？谁寄生在纽约？谁维系着纽约？谁享受着纽约？谁向往着纽约？"破坏实验"下，水落石出。日夜不息从四面八方奔涌而来的平凡人的潮汐退去，纽约静了下来。铜牛身边永远的人群被掠去了，它扒着华尔街的地皮，不肯倒下去。矗立的高楼晾在那里，世界不再等着我们、看着我们以及围绕着我们。

四月：社交距离

2003 年初，我在香港经历过非典疫情的全过程。全港人戴着口罩，坚忍地让一座特大城市运转如常。这次纽约新冠疫情，闭市停工，还兴出"要戴口罩、居家禁足"和保持 6 英尺（2 米）"社交距离"的规矩。这套由政府和卫生机构搭起的新规范，挑战着人们的生活秩序，日子的过法开始有"正确与不正确"之别了。

纽约人对戴口罩一开始很排斥，一是当地文化中只有病人和抢劫犯才戴口罩，二是媒体在月初极力宣传把口罩留给防疫物资储备不足的一线医护人员。4 月 1 日愚人节那天我给房东所在的居委会打电话，请主任拜托物业加强楼道里公用电梯和门把手的消毒，她才意识到危险已不再是愚人节的骗局。76 岁的她开始发烧，疑似感染，家里居然没有备用口罩；房东是她的老闺蜜，急着要去探视，被我强行拉住，"现在这样做不正确！"

"社交距离"对纽约人来说是毫无概念的概念。与其说是陌生的生活样态，不如说是既有的阶级标尺。与"金领社交距离"的多选项和跨地区尺度相比，"蓝领社交距离"几乎就是个传说。"核心从业人员"除了医护外，超市、加油站、药房的员工，大多是拿周薪的底层劳工，而家政护工、送外卖和快递的，多是西班牙语裔、亚裔和黑人，不上班就没收入，这些工作既不得不社交又无法保持距离。中产阶级的"白领社交距离"，是布尔乔亚式的甚至带着道德意味的。布鲁克林是纽约的"小资圣地"，乔氏超市（Trader Joe's）宣传自家超市如何环保、有机、全球化，

▲ 2020 年 6 月 9 日，纽约在因新冠疫情闭市后复市第二天的曼哈顿中央公园，背景中的双塔高楼是位于中央公园西路上的黄金国豪华公寓。疫情期间，纽约公园管理局在全市公园、绿地和室外运动场内都设置了这个"保持如此间距"（2 米）的标示。

弄得中产阶级颇为舒坦；位于黄金地段金色大街（Gold Street）上的那一家，排队的体面人儿，两米一哨认认真真地站到了第二个街口。六大道4街口上的公园坡食品合作社（park slope food coop），1973年成立，大名鼎鼎，有近2万名会员。想要激活会员，每四周务必在店里工作2小时3刻钟。"公园坡食品合作社"规定，不认同他们价值观的恕无可卖，非会员只可参观不可购买。闭市已经快一个月了，排队的会员不慌不忙，站了一个街口，数一数，15个，直接可以拉上T台，各自有型，是买个菜都要扮上的那种，当然也是完全可以通过网络"在家工作"的阶层。有点钱有点闲，买贵点、排队时间长点都没关系，因为这很"道德"，当然就比去隔壁的华人小超市买通过资本主义自由商品渠道批发来的蔬果要"正确"多了。

"公园坡"这个地界住着的是有共产主义理想和社会主义实践的"一代新人"。现任纽约市长、民主党人白思豪（Bill de Blasio）在搬入官邸前就住在这里，1994年他与激进黑人活动家麦克雷（Chirlane McCray）结婚，生下混血儿女一双，2001年自己改随母姓（他的父亲是德国裔，母亲是意大利裔），恨不得在自己身上克服整个时代的"不正确"。

4月12日的复活节未能天遂人愿，原定两周到期的闭市计划并未解禁。墓地全部大门紧锁。一家三代，被阻隔在一处铁门外。小孩子很天真，"是怕我们传给爷爷还是怕爷爷传给我们呀？"围栏外人们留下鲜花、兔子玩偶和棕榈叶的十字架，"相顾无言，惟有泪千行"。4 月 13 日得知坚持每天健身跑的一位女性朋友竟然发烧了，背部剧痛，15 日确认感染新冠，20 日入院吸氧，服用羟氯喹起效；18 日她的九旬老父病逝，24 日她的母亲因感染病毒以及其他痼疾离世；27 日她才出院返家，妹妹又被确诊。无法登门探视的我，牵记、伤痛、歉疚，却都敌不过"正确"的隔离。

纽约市长宣布，为保障监狱里的"社交距离"，在三月中旬之后的三周内，城市监狱释放了 1500 名囚犯，纽约囚犯人数减少到 1949 年以来的最低水平。纽约很多地方比如皇后区的科罗纳（Corona，意即"冠"），恐怕要比监狱还难保障"社交距离"，熙攘的街巷挤得像城隍庙，满街都是南美移民开的店铺，间或几个劳碌的华人从法拉盛匆匆穿过。像是命运的捉弄（这次流行的病毒就叫冠状病毒 Coronavirus-19），这个通用西班牙语和汉语的贫困街坊成了纽约最重的疫区。

并不是所有人都领情白思豪的政令，3 月底开始，苏荷区的奢侈品店在玻璃橱窗上加装三合板，被嘲笑说是"反应过度"。纽约人可能忘了，这些广布巴黎香榭丽舍大街上的欧洲名牌，刚刚被"黄马甲"运动洗礼，见识过大世面。路易威登还维持着体面，木板刷上了浪漫的情话，"稍歇的旅程终会再出发"；拉夫劳伦甚至很励志，"携手并肩，共克时艰"。然后就是 5 月 31 日，

"欲盖"终于"弥彰",苏荷区一夜之间火光冲天。

4月的纽约,忍耐、压抑、平静。

3月27日特朗普签署法案,动用2.2万亿美元作为纾困金直接下发,4月15日,房东、邻居甚至我认识的几名中国留学生,都说收到了署名是总统特朗普的通知函和汇款。"在与看不见的敌人交战之时,我们也在全天候地努力工作,保护像您一样努力工作的美国人免受经济停摆的困扰。"与此同时,联邦政府还为疫情期间失业的劳工提供每周600美金的额外失业福利。白宫经济顾问顾德洛(Larry Kudlow)在有线电视新闻(CNN)上发牢骚:"我们等于是发钱给民众,让他们不上班。金额比工资还高。"

一到4月就接到市政府打到住处的电话,说从3日起,纽约435个地点(领餐点大多设在公立学校)从周一到周五都可以免费领取一日三餐,无需任何证件和证明;60岁以上长者可送餐到家。2月底湖北6岁男孩在爷爷去世后不敢出门靠饼干充饥,刺痛了无数人的心。我跑到离我最近的"市立第53小学"一探虚实,遇到干了23年的总务长老约翰,他每天早上5点第一个来学校开电闸开烤箱,6点半老师们来分装食品,7点半发到下午1点半,每天来的街坊能有两三百人,"都愿意留给更有难处的人家"。学校的外墙是勒贝多2013年画的巨幅美国国旗,我前年采访他,知道这位"星条旗专业户"25年的作品虽然数以千计，但纽约主流艺术圈对他各种看不上，还因此被冠以"民粹主义者"的帽子。勒贝多格外愤愤不平，他坚持认为这面旗帜是"为人民服务"的旗帜。我不知道他的判断对不对，但我感觉老约翰和勒贝多都是忠诚的旗手。

疫情为星条旗在纽约赢得了短暂的"正确性"，毕竟这座城市的"政治正确"是属于彩虹旗的。2019年美国"石墙运动"50周年，纽约宣布整个六月为"纪念月"，大街小巷到处都是彩虹旗和彩虹图案。

不过，今年4月，"彩虹图案"被部分纽约人赋予了新意，人们在窗户和门扇上手绘彩虹，表达对"雨过天晴"的期盼，也向身边的一线工作人员致谢。在有共和党倾向的史泰登岛更是随处可见。这也很好理解：纽约其他四个区曼哈顿、布鲁克林、皇后区和布朗克斯，都是民主党倾向，文化上"先进"左倾，彩虹旗必须是"骄傲"的；而史泰登岛的原住民多为工人阶级，不仅艺术上土俗，观念上也很不"高级"。然而，我却因为这些彩虹，对纽约保有了最低限度的信心。

邻居珍妮的弟弟在纽约市消防局紧急医疗服务局开救护车，带着外甥来看她，因为社交距离，只能楼上楼下地喊话。两个孩子在楼下的水泥地上画起了彩虹，"献给最爱的姑妈"。珍妮很骄傲地介绍给我认识，"我还有个姐姐在做护工呢，担心是担心的，但他们俩救过来好多人啊"。我向阳台上的她挑起大拇指，这难

◀纽约史泰登岛上的老百姓在门窗和墙壁上绘制彩虹、黄丝带和星条旗等图案，为尽快结束疫情祈福。上部是 4 月 22 日画家莎妮应披萨店主的邀请在其门窗户上作画，其中护士形象的灵感来源于美国二战的文化符号"铆钉女工"（Rosie the Riveter），与 1942 年的海报"我们能做到"呼应。左下角是 4 月 5 日民间艺术家勒贝多在市立第 35 小学外墙上绘制的十米见方的心形星条旗，缅怀因疫情逝去的美国同胞。

道不是最善良的价值观和最美好的公民教育吗？在整个世界神魂颠倒地保持着"正确"和"距离"的时候，普通百姓以及他们的常识、常情、常理，是潺潺流过心田的溪流。道不远人。

五月：破碎与断裂

"四月是最残忍的一个月，荒地上生长着丁香，把回忆和欲望参合在一起。"春雨催促了那些"迟钝的根芽"，但很多人却没能跋涉出四月纽约的"荒原"。

闭市之后，失业、酗酒、吸毒、自杀的人数攀升，皇后区在 5 月开始前的六周内自杀人数达到 16 人，已是去年同期的两倍。4 月 26 日，纽约长老会医院急诊科主任罗兰·布林（Loran Breen）医生自杀，以悲壮的方式宣告了这座城市疫情两个月来惨烈的身心伤亡。截至 6 月 8 日复市，纽约共有 20.5 万人感染，2.2 万人死亡。然而，往日承担着社会救济、心理安抚和操办人生仪式等众多世俗之责的社会机构，仍然被迫关闭。哪怕不少教堂申辩这些事项理应属于社会的核心需求，很多机构也质疑这对私权构成了侵害，大量民众甚至以 1968 年"香港感冒"在美流行而政府并未介入来申明公民和社会都需要责权对等的自由与繁荣；但大家心知肚明，很多地方的政府和政党都视疫情为千载难逢的机遇，以疫情为名，掌控了前所未有的权势，这在社会组织原本极为自主且活跃的纽约颇为新鲜。

宗教团体在政治正确的纽约更是早已式微。5 月 23 日现任天主教纽约总教区枢机弟茂德·多兰（Timothy M. Dolan），来到纽约史泰登岛洛雷托山这一纽约托幼慈善事业的始发地，为因疫情亡故的 946 名岛民祝祷。这一兼具历史和现实价值的新闻，《纽约时报》等主流媒体只字未发，我是在很多当地人的脸

▶ 曼哈顿 34 街 8 大道 15 层楼高的墙画，结合了多种族裔面部特征的戴着口罩的护士形象。由街头涂鸦设计师伊顿（Tristan Eaton）和蒙特菲奥雷（Montefirore）医院合作，献给 5 月 12 日的"国际护士节"。上面写着"写给所有勇敢的护士，从现在到永远。谢谢你们疗愈着纽约"，下左写着"纽约"，下右写着纽约疫情最早暴发的"布朗克斯区"。护士帽和护士服上都有星条旗的图案。

书上看到的。主教冒雨上岛，来到勒贝多创作的装置作品《音容946》前，天空放晴，若奇妙恩典。疫情期间殡葬业被勒令停工，没能做最后告别的家属聚集到这里。海边拾来的枯木做成了抵挡风雨的翅膀，沙滩上拾来的946块破碎玻璃在轻触低吟。这是生命毁而不灭的声音。

6月4日，两家精英医学杂志《柳叶刀》和《新英格兰医学杂志》撤回了两篇备受瞩目的冠状病毒论文，原因是原始数据的来源可疑；而前者已经产生全球影响，世界卫生组织因此紧急叫停了羟氯喹的药物试验，而该药因为曾被特朗普热捧，而在媒体上被热讽冷嘲了不短的时间。

3月，州长曾大叫纽约需要30万台呼吸机言犹在耳，而美国健康与指标研究所的数据模型显示，4月8日纽约呼吸机预计使用的峰值为5008台，而实际使用量只会更少。曾经喧嚣的媒体，莫名的万马齐喑。神仙打架，百姓不由得怀疑学界、政界、商界和媒体是否同谋。4月30日的一项民意调查显示，五分之三的美国人不能或不愿意使用"感染跟踪系统"（类似"健康码"），尽管谷歌和苹果公司都设计了应用软件，但由于人数不够这项跟踪技术的基数而无法投入使用。硬件上的原因在于六分之一的美国人没有智能手机，而拥有智能手机的人中，愿意用和不愿意用的人平分天下。有意味的是，民主党人更愿意用，包括害怕感染后有严重影响的，他们更倾向于依靠政府；而不担心疫情的和共和党人则很不愿意，他们认为政府不应过多介入私人生活，害怕个人隐私被泄露或被不当使用。

6 月 20 日众议员科尔特斯（Alexandria Ocasio-Coryez）在推特上提及中国民众熟悉的抖音，这名 30 岁代表纽约州的民主社会主义者对网络水军喊话："看到并感谢你们的贡献"，直言大量青少年在抖音上注册特朗普的竞选造势大会门票，却有组织地放了他的鸽子。此事真相待考，但当晚特朗普刚刚开讲，科尔特斯 8 点 32 分就发了这条推特，集了 23 万点赞，却是真的。

2020 年，在疫情还是四面楚歌的时候，纽约只有亚裔在周围人的白眼里戴着口罩，可到了 5 月，纽约人离开口罩已经寸步难行。4 月 15 日，白思豪市长在疫情简报中公布"口罩令"，这一政令要求大家在公共场所戴口罩并无争议，但它授予任何人秒变便衣警察的资格，遇到进店未遮面的顾客，都要拍照上传"到 311 政府热线告警，警察会进店帮助执行"。可笑的是，白思豪素以"煽动反警察情绪"而与警察势同水火。2014 年底纽约华人警官刘文坚和队友拉莫斯因公殉职，数百名警察在白思豪到场悼念时以背相对，"背对"由此成为纽约警察"面对"本届市长的标准动作。不可笑的是，两个月后，非裔男子乔治·弗洛伊德（George P. Floyd）遭明尼苏达警员跪颈致死，引发全美对警局的抗议，纽约市警务处处长谢伊在 6 月 16 日突然宣布，取消市警打击犯罪小组，全市约 600 名便衣警察面临重置。纽约人一向看重肖像权，对着陌生人拍照显然有悖旧有的"教养"。纽约的老百姓对极权政治还是太没有经验，他们显然没意识到，在尊重个人权利的社会，这是公权力堂而皇之高歌猛进的前奏，而公权力一旦鼓动群众起来斗群众，一个口罩就会马上变成"武器"。

5月15日美国炸鸡连锁店派派思（Popeyes）在上海淮海路开的旗舰店大排长队；这家快餐店在纽约门店多得是，特别受黑人欢迎，我住处附近就有一家。经理是黑人，店员则是黑人、白人和墨西哥人均分。勾起馋虫的我16日进店一看，前面站着两名黑人和一名白人青年，都没戴口罩；经理出来说，没有口罩不许进店。一名黑人大声说："有没有搞错？我们是顾客，送钱给你的！"另一名马上举起手机："他的口罩露出来鼻子，她的口罩挂在耳朵上。我叫警察来，你们现在就关张滚蛋！"而同行的白人青年则一声不响。在现场喧嚷不安的氛围中，我脑子里全是孔飞力（Philip A. Kuhn）在《叫魂》中的话："一旦官府认真发起对妖术的清剿，普通人就有了很好的机会来清算宿怨或谋取私利。这是扔在大街上的上了膛的武器，每个人——无论恶棍或良善——都可以取而用之。"

五月底，我不得不接受一个事实，我与祖国之间的距离成了"乡愁"——乡愁是一张窄窄的机票，我在这头，上海在那头。2月28日美联航为应对中国疫情暴发，宣布取消4月30日前的所有中美航班，涵盖了我原定双程票的回程时间，改签5月

4 日；没想到 3 月 26 日中国民用航空局发布俗称"五个一"的限航令，即"国内每家航空公司经营至任一国家的航线只能保留 1 条，且每条航线每周运营班次不得超过 1 班；外国每家航空公司经营至我国的航线只能保留 1 条，且每周运营班次不得超过 1 班"。4 月 2 日美国国务院发出推文，呼吁海外美国公民"立即回国"，引发中国媒体广泛报道，网上更是各种脑洞大开的猜测。没想到人家一语成谶，"国际间商业航线停航"到不可思议的地步，四五月间，世界范围内没有不是"万水千山总是难"的。

6 月 3 日，美国运输部要求中国航司从 6 月 16 日起停飞中美航线；6 月 4 日，中国适度放开了对美国航司的限制。这简直是曙光，我立马算了算，如果美联航申请航线，中方可能批准，可能不批准；如果批准，美联航会在现有的三条航线（洛杉矶飞北京、纽约飞上海、旧金山飞上海）中选一条；如果选中我买的纽约飞上海航线，会在一周七天中选一天；二分之一又三分之一又七分之一，我改签的 7 月 2 日的机票会有四十二分之一也就是大约 2.4% 的执飞几率！痴痴地等，美联航 7 月 6 日起恢复的却是旧金山到上海的航班。签证就要到期，"鸿雁啊，天空上，队队排成行"。

社会的断裂熬到五月已经再也无法掩饰。"家庭观"几乎可以看作美国民众世俗的宗教，而家庭成员的人生礼仪差不多就是宗教节日，尤其是孩子们的毕业典礼。今年所有的毕业礼都在云上飘，不少人家的门口，都插着大中小各类学校的毕业祝贺标志。舞会、合影、宴请都取消了，太多蓄谋已久的故事连开讲的机会都没有。5月20日，有着266年历史的哥伦比亚大学，首次线上直播"云"毕业典礼。校长李·布林格（Lee C. Bollinger）致辞："与带给我们生活意义的人们、场所、仪式和传统分离，是回避不了的悲伤。当危机来临，社会需要大学的指导、支持和帮助。"他是美国宪法第一修正案和言论自由领域著名的法学者，前面一句我感同身受，但后面一句我却有点犹疑。知识分子最恐怖的身份错认，就是往往记不住自己不是上帝。当下美国的知名大学，当然给了社会一些"指导、支持和帮助"，但恐怕也给了不少"煽动、消解和破坏"。1791年第一修正案获得通过，使美国成为首个在宪法中明文保障宗教自由和言论自由的国家。尽管学界都在虔诚地谈论"宽容"，但今日美国大学对那些挑战政治正确教条的人，又能有多少耐心去宽容呢？

"资产阶级抹去了一切向来受人尊崇和令人敬畏的职业的神圣光环。它把医生、律师、教师、诗人和学者都变成了它出钱招募的雇佣劳动者。"《共产党宣言》第一章里，1848年刚到而立之年的马克思和恩格斯曾经这样说。

六月：纽约无法呼吸?

纽约人是不过六一国际儿童节的。2020 年 6 月 1 日，纽约宵禁。

这是二战后纽约的首次宵禁，上次宵禁是 1945 年 2 月，盟军轰炸德国，美国煤炭短缺，所有娱乐场所停止夜间营业。5 月 25 日弗洛伊德之死事件曝光后，不少美国市民举行示威集会，要求公正审讯涉事警员并正视国内根深蒂固的种族歧视问题。但示威很快演变为暴动，堵路、店铺抢掠、破坏公物等现象蔓延全美，截至 5 月 31 日，33 个城市宵禁，27 个州出动了国民警卫队。弗洛伊德死前最后所说"我无法呼吸"成为"黑人的命也是命"运动新的口号。5 月 31 日周日晚间，纽约下城熨斗区和苏荷区遭纵火抢劫，包括美国最大的百货公司梅西旗舰店。6 月 1 日市长宣布当晚 11 点到 2 日 5 点宵禁，之前还未安装防护板的店家一夜之间紧急行动起来。6 月 2 日白思豪再令从 3 日晚 8 点开始到 8 日早 5 点宵禁，提早到日落前 20 分钟，曼哈顿 96 街以南车辆禁止通行。当天的大新闻是，萨克斯第五大道雇用了清一色黑人私家保安以及至少 7 条德国黑背和斗牛犬，严阵以待。为了复市，宵禁提前一天结束，但暴乱让 8 日所谓的"复市"成了空头支票。9 日，我穿行在曼哈顿麦迪逊大街这条纽约标志性的高档商业街上，从 96 街数到 50 街，走过 40 多个街口，上着板且关

着门的店家超过 80%。我走到萨克斯门前，问黑人保安领队泰拉怎么看，他严肃地回答："我在纽约做了 25 年私家保镖，第一次遇到这样的阵势。"

疫情一百天之后，巨大的纽约像一头搁浅在北美大陆东岸的死鲸。鲸爆终于来了，各种丑陋，大白天下。疫情已经无法成为任何一方的幌子，人群密集的抗议示威是正确的或者是不正确的，酒吧街边的饮酒青年是不正确的或者是正确的，民主党和共和党的媒体在互相揭露中各取其辱。政客秀跪，教授蒙尘，历史雕像被毁。来自"前东方阵营"的移民，更为敏感和惊惧："Fire, Riot and Looting"（纵火、暴动并抢夺）、"Defunding the police"（削减警察经费）、"Silence is not a choice"（不能选择沉默）。极端思维，笼罩全城，纽约似乎已经无法正常呼吸。

我确实认识一名相当成功的白人剧作家，得过包括艾美奖在内的不少行业大奖，他的想法和做法在美国影视圈里自然是

◀ 2020 年 6 月 9 日第五大道萨克斯百货公司旗舰店，私家安保护卫中，烈犬已撤离。防护板上罕见地加装了带有锋利刀口的防爆铁丝网。

极"主流"的，比如，他下载了此次抗议的应用软件，以最快的速度奔赴市区的所有游行；他们认为特朗普是万恶之源，只要谁支持特朗普谁就是种族主义者（我对好莱坞正在传染的情绪和逻辑，同情却不能理解。特朗普显然不是原因，而是结果）。哥伦比亚大学社工系的教授高呼"只有黑人的命是命了，其他的命才能算是命"（All lives matter after black lives matter），认为维护社会正义要启用非常逻辑和非常手段。

阿尔·夏普顿（Al Sharpton）被推为当下美国"黑权运动"（black power movement，其中的激进派是由 50 多个核心组织互相协作的运动联盟 M4BL，即 Movement for black lives，"黑生命运动"）的领袖。2014 年开始，他推动刑事司法改革，理由是黑人在美国被捕和被监禁的人数占比高；2017 年身为黑人的他呼吁联邦政府停止维护杰斐逊纪念堂，因为这位美国开国元勋、《独立宣言》的起草人曾有 600 名奴隶。"人们要知道自己被奴役了，咱们的家人都是受害者。用公共经费维护这些纪念物，就是要咱们出钱去羞辱亲人。"

芝加哥经济学派的代表人物托马斯·索维尔（Thomas Sowell）也是黑人，他在推特上直言："把人们领进依附和不满的死胡同，可能无助于改善他们的处境，但那些把自己打扮成'被压迫者之友'的人，却可以名利双收。""无论政治左派的意识形态或修辞是什么，他们在世界各地的议程一向是代替别人做决定，并管制他人的生活。"

我在阿方斯的修车行遇到前联邦众议员维托（Vito Fossella），"在我的政治生涯中第一次见到商业大公司发声支持暴力抗议，第一次见到好莱坞明星为被警察拘留者付费保释。左派已经左到吓人了。马丁·路德·金在他们看来简直是个大右派，和白人'同一个梦想'，政治极不正确。"退休的狱警保罗打开他的枪柜，给我看他私有的各式枪械。"解散警局？出了事为啥只会打911呢？这帮没良心的！美国百姓为什么不放弃持枪权？就是因为要是哪个王八蛋的政府胆敢侵犯我的财产，改变我的美国，老子头一个扛枪出阵。"

如果我们愿意去听，这些人的想法里多少有些真相甚至真理的影子，大家的手中都掌握着解决顽疾的密码中的几个字符，但问题是彼此不能或根本不愿意交流了。人们选边站队，鸡同鸭讲，风马牛不相及；而政客们无不以人民的名义兴师动众。人民统统成了人质。

"构成未来的种种条件就存在于我们周围。我们自己当代文化的许多方面大概也可以称之为预示性的惊颤，正战战兢兢地为我们所要创造的那个社会提供目前还难以解读的信息。"6月2日《费城询问报》（*The Philadelphia Inquirer*，美国现存第三老的日报）发表一名建筑批评家的专栏文章《建筑也重要》（注意英文标题 *Buildings Matter, Too*），8日执行主编因此辞职；6月

3 日《纽约时报》发表一名参议员的文章《派军队来：国家需要恢复秩序，军队随时待命》，7 日该报评论版主编詹姆斯·贝内特（James Bennet）因此被迫辞职。

美国新一代的所谓"警醒"（woke）文化，正以急风骤雨般的"删除攻势"（cancel culture，也有译作"取消文化"）加"点名攻势"（call-out culture），向秉持"客观中立公正"的公民自由主义传统的新闻观念，气昂昂地发起了"倡导式新闻"的大会战。美国主流媒体的代际更替轰然而至。文化思想的自由不可能一下子公开消失，它有可能被神圣的承诺和高尚的理念一点一滴地夺权，有可能被拒不对话的偏执蛀空，更有可能是个人（尤其是知识分子）放弃了独立思考而被"平庸之恶"（准确地说是"从众之恶"，里面还有很多仗势自欺的懦弱）吞噬。

◀上图：2020 年 6 月 23 日，史泰登岛一户居民院子里插着三块标志牌。上左写着"我们站在纽约警察那边"，上右写着"感谢您，一线工作者"。这两块牌子上都写着"坚强！"和"上帝保佑美国"。下面的"细蓝线"取自支持警察的旗帜图案，写着"顶住！"下图：2020 年 6 月 16 日，曼哈顿苏荷区。右起第一块防护板上的口号是"黑人的命也是命"（Black lives matter），右起第三块橱窗被砸碎，上面涂有 ACAB 字样，即"所有的警察都是混蛋"（All cops are bastards）。左边的工人们正在为重新开业更换被毁的窗玻璃。

▲ 2020 年 6 月 16 日曼哈顿苏荷区，一名白人女青年正在画一个骷髅头草稿。最左边的涂鸦上写着"不能呼吸"，最右边的涂鸦上写着"爱"和"所有人的和平"。

我在被洗劫后的苏荷区的弹街路上，高高低低地读着那些防护板上的涂鸦。等在街边的黑人司机肖恩见我走了好几个来回，与我攀谈起来。他的祖母从索马里来，他出生在布鲁克林。"我34岁了，日子这么不安生，可是头一回，咱纽约不带这样的。"我说："纽约现在乱是乱，但可以这样明火执仗地对着干，也是别的地界少见的。"

"我爱纽约"，我和肖恩几乎异口同声，又几乎同时下意识地伸出了手。我们随即意识到，这样做现在是不正确的。但我们还是在夕阳里有力地握别，"珍重，珍重"（Take care），这句疫情期间流行的告别语，如今有了越来越多的意涵。

1946年也是3月，"局外人"加缪乘船驰入纽约港，一年后，他回想在纽约度过的一百天："我对纽约依然一无所知，我是置身在此地的疯子中间，还是世界上最理性的人中间。纽约令人感动得潸然泪下，愤怒得烈焰升腾。我爱纽约，那强烈的爱有时留给人的全是无常与恨意。"

　　　　　6月19日于纪念美国南部黑人解放的六月节初稿
　　　　　　6月20日特朗普竞选集会电视直播夜修订
　　6月21日报悉美国自然历史博物馆决定移除罗斯福雕像改定

万家墨面没蒿莱，敢有歌吟动地哀。
心事浩茫连广宇，于无声处听惊雷。

——鲁迅

不沉默的大多数

2020 年 7—9 月

基恩谷镇的市集（7月5日）

纽约市在纽约州的最南端，往北，都是州的地界。一到夏天，市区骤然空寂，人漫到了上州，郊野和集镇也热闹起来。特别是各个县上的农贸市集，生鲜闹猛，像雨后的蘑菇，一路采不完。

今年因为新冠疫情，市集寥寥。基恩谷镇（Keene Valley）在阿迪朗达克（Adirondack）山脉腹地，纽约和新英格兰地区的有钱有闲族，不少都在这里购置了低调的山间夏屋。周日市集照例开放，不同的是路口横生出好几名穿戴精致的中年妇女，舞着小旗，勒令停车查验口罩，有一位频频踮起脚尖，还挥出芭蕾手。看来，哪里的红袖章都可以是兴奋剂。集市上卖得较多的是有机蔬菜、葡萄酒和手作之类，如果你真相信并付得起三个番茄五美元、一根丝线坠一片羽毛三十美元的话，青山绿野间，还是可以抒点情的。

当地的民间艺人夏天也会来赶集，在香槟湖的鲜鱼身上制作鱼拓的史蒂夫、用山上原石加工石雕的马修，早已一回生二回熟。往常，在密密的帐篷林里，只要看到大石柱和鲤鱼旗，就能找着他俩。今年中年妇女们盯得牢，只许单线行进，帐篷不超过二十顶，还是望眼欲穿，遍寻无着。这都大半年了，他们过得可好？

百无聊赖间，"上海夫人"（Madam Shanghai）！耳边一惊，这绝对是在叫我，方圆百里内几乎见不到有色人种。"呀，您怎么在这儿呢？"居然是离这里有点远的杰镇（Jay）上的西德尼（Sidney）！那是个劳工阶层的小镇，没人不知道西德尼，因为他的老爹也叫西德尼，1890年创办了一家木材厂，他子承父业，前些年才把工厂传给还叫西德尼的儿子。

2018年7月4日，我去杰镇采风。高潮是列队游行，家家户户都开车出来，消防车开道，星条旗插得花枝招展。我第一次见到在集市上卖砧板的"西德尼二世"，他得意地指着砧板，"都是我亲手做的，黑樱桃、红橡、硬枫、黄桦、绿槐，边角余料，比女人的拼布手艺不差吧？"不得不说，品相惊艳，简直是献给阿迪朗达克山林的一封封情书，而且半卖半送，只要市价的三分之一！"给我来十块。""你用得到那么多吗？""我带回上海送朋友哇！"去年国庆我又去买，他话就多了起来："我69了，手脚还是慢了。平均做一块要40分钟，每天最多只能做10块。"今年重逢实属意外，出门的长者已经很难见到了。"我也不想来这里，这市集是他们金领白领们的。你知道吗？本来这几天杰镇有国庆大集，结果被取消了。我是二战后出生的，从小到大国庆游行一次没落过。今年我都准备齐了，头一回游行没了，市集也没了。电视上说是为了防疫，那'黑人的命也是命'抗议的人为啥可以游行呢？有人就是不想这个国家好，现在爱国都要被笑话老土，'爱国的都是红脖子'，红脖子？我可没有不劳而获。"我赶紧把话题岔开，"您生意怎么样？""2002 年退休那年卖了 20块，到今年我一共卖出去 12601 块。18 年的收入全捐给镇上的学校和消防队了。"

说什么好呢？我又买了 5 块砧板，抱着有些沉重。

第五大道（7月11日）

特朗普大厦绝对霸着第五大道的黄金分割点，路易威登、古驰、普拉达、阿玛尼，还有非常美国的蒂凡尼，一哨狼队友，跨着东 56 到 57 整整一个街口。只是 1961 年奥黛丽·赫本凝望过的橱窗，如今已无法让观光客痴情自拍了——从 6 月 1 日宵禁开始，水泥路障、铁马和警车将大厦门口拦得严严实实。7 月 9 日，纽约市长白思豪亲率一众抗议者在特朗普大厦前，用一百加仑的艳黄油漆刷上了"Black lives matter"（黑人的命也是命）几个大字，横躺第五大道，大鸣大放，阻断交通。

两天后赶过去，路障处还是围着不少人，远观了一会儿，黑白都有，相安无事。于是我走进去搭讪，发现共有三个团体，年纪都属于"婴儿潮"一代，竟然全是来抗议"黑人的命也是命"的，这在曼哈顿实属罕见。一队是来自一家专营特朗普竞选物料的公司，"我们就卖这些旗帜，印了一大批，新品还有口罩和徽章，就要到货了"；一队是退伍老兵，举着"细蓝线"旗，蓝色代表警队，意思是"警察的命也是命"。"市长是拆迁队老大吧？没钱修马路，有钱刷口号。没有办法制止打砸抢，却让警察们整天守着这一行字。"还有一队人马全是女将，叫"特朗普妇女后援团"。我问拉着横幅的领队，她戴着口罩，一下子汹涌起来："我是为我家孩子来的。我们就是普通的工薪家庭，好不容易把他送进了藤校，结果读了两年书，回来说我们全家都已经犯了罪，而且还没有意识到。好好的一家人吵得不得安宁。我说：'孩子，我生你下来，养你长大。我们比谁都清楚，你没有欺负过任何人，我们也没有。你听着，我们的肤色也不是自己选的，人人都有原罪，但不是因为皮肤是白色。'他们为了夺权，给单纯的孩子洗脑，鼓动他们下跪作秀，教唆他们'革命无罪'。这根本就不是街头抗议，这是制造种族仇恨和黑人特权。"我有点愕然，老实说，当我深切同情死于警察暴力的黑人的母亲时，当我理解弗洛伊德之死在华人二代和他们的父母之间产生致命分歧的时候，我其实并没有意识到还有这名叫芭芭拉的白人母亲——当身份政治被政客玩弄于股掌之间时，所有的母亲都成了被侮辱与被损害的。

◄ 2020 年 7 月 11 日，纽约市府大楼前广场上"黑人的命也是命"运动的参与者在集会。演唱者的 T 恤上写着"黑人的命也是命"，地上有各种口号，牌子上的三个词是"撤资（defund）、撤防（disarm）、解散（abolish）"。

路过市政府广场，听到爵士鼓声，心中窃喜，往日这里常驻不少品位不俗的街头乐队。穿过三四十名维持秩序的沮丧警察，及至近前，看清唱副歌的女子年轻肤白，扯着喉咙"问候"特朗普的母亲，单句循环。不管特朗普愿意不愿意，他的名字被写在水泥地上，打上了大叉；弗洛伊德的画像供在显眼处，警察则被画成猪头，并被竖上了中指。

现场大部分是年轻人，神情亢奋、疲惫又庄严，汗味、体味、小便和洒在地上的可乐驱逐了近在咫尺的海风，闻得到的荷尔蒙、躁动、难耐、撩人，走心又走肾。

这种味道甚至恍惚间把已然知天命的我拖回到 21 岁。时间是单向度的，万物刍狗，只能与往事干杯。所谓天地不仁，才是最残忍处。

自然历史博物馆前（7 月 23 日）

六月底，看到报载美国自然历史博物馆决定移除大门口的塑像，我才意识到，左右两边的美洲原住民和非裔男子是写意，而高头大马上的那位原来是确有其人——美国总统西奥多·罗斯福（Theodore Roosevelt Jr.,1858—1919）。

也不能全怪我粗心。往常从熙攘的 81 街地铁站出来，墙砖上一路的海豚、长颈鹿和小蚂蚁，栩栩地抓牢我的眼睛不放，哪里会去留意高过头顶的宏大塑像？没想到如今却要专程去和它告别。地铁是不敢坐了，疫情以来，班次削减不说，地铁成为越来越多无家可归者的避难所；加上骚乱爆发，警察实际上已被剥夺惩恶的权限。毕竟不是花木兰，但上海女人荡马路的功夫还是稳赢的。先到中央公园南端，发现哥伦布环岛被路障隔离，警车停了十几辆，我问一名年轻警察啥情况，"啥情况？不知道波士顿的哥伦布被砍头了？里士满的被推湖里了？""知道，知道。难道这哥们儿也保不住了？""这个街区意大利裔占多数，再说了，我们不是整天杵在这儿吗？报纸上净瞎掰，他们怎么不把哥伦比亚大学的名字先给改了呢？"

一路向北，走到博物馆门口的时候已是正午。我有意问问纽约人的想法，便在艳阳下守株待兔。一名男士举着单反相机出现了，黑色的T恤衫上写着"格林威治村是我的校园"，这绝对是我的目标对象。他叫艾伦（Allen），摄影爱好者，住在布鲁克林，专程赶来。但说出他的出身，未必也太巧合了："我就是印第安人和黑人的混血儿，我妈是黑人，我只知道她是生在纽约的，不知道什么祖籍地。"我小心翼翼地探问："我看《纽约时报》，市长说'这座雕像明确地把原住民和黑人描绘成被奴役的人、种族地位低下的人'。艾伦，你觉得被冒犯了吗？""白思豪真不懂假不懂？这是艺术！看看这细节，有这么雄赳赳的奴隶吗？罗斯福做总统，才有了国家公园和自然保护区，这事儿他是头儿，这是历史！没有团队，啥也干不成，这也是历史！"

听艾伦这样大声，警车边一个老伯不停地给我俩打手势："嘘！政治不正确哦，当心危险啊！"又一名持不同政见者。"纽约人原本都很友好很宽容，不像如今怼天怼地的。"他叫亨利（Henry），芬兰裔，69岁，出生在布朗克斯，在皇后区长大。"我小时候就一直来，退休后也来。三月闭馆前我每周来一次，参加昆虫学习小组。从小看到大的塑像，多美啊。我专门来拍，害怕真的看不见了。不拆估计不行哦，那帮家伙不干的，他们凶得很。要是有人能保护它就好了，搬去别处也行啊。你们中国历史上也有这样的荒唐事，对吧？"好吧，我再问："您说的他们是谁呀？"他的声音更小了："民主党。其实吧，我39岁以前一直是民主党，那时候共和党民主党差不多，因为要填表，父母都填民主党，就填民主党呗。我每天还认真读《纽约时报》，但20年前不再订这份报纸了，不能看了，完全是政治宣传。我不是少数，很多人和我一样，我们不发声而已。很多朋友都计划搬离纽约了，我不，纽约永远是我的家，不能让她就这么被毁了。我今年一定去投票！"

纽约夏日，一夕数惊。夜里我反复读一篇论文《如何看待美国"改写历史"风波》，这是杨奎松教授一年前写的。"如实记述美国历史上一切因压迫或歧视而发生的种种反人性、非人道的野蛮现象，深入考察和研究美国从野蛮到文明的发展历史何以如此艰难曲折，包括充分揭示'过去时代的人'的历史局限性，显然是十分必要且重要的。但这并不意味着'改写历史'就要否定那些并非'政治正确'，然而从某种程度上或从某个侧面客观上推助过历史前行的历史人物。"因为"人类社会历史的发展是渐进的，没有人能够脱离他所在的历史时空而存在。不仅精英人物如此，精英人物所由产生的人民大众更是如此"。

西罗比萨店（8月9日）

西罗（Ciro）是"披萨二代"，餐馆不大，"纽约披萨"是招牌，面底薄脆，番茄酱现熬；就像上海的小吃店，谁敢用阳春面做头牌，绝对是手里有活儿的。十数年来，"纽约披萨"勾引了不少人专门开车来堂食，饮料和菜品自然跟着走高，利润也就来了。今年遇到疫情，西罗的头疼不比常人，披萨估计是最佳外卖单品，一晚上轻松卖掉200盒，数量翻了倍，利润却不升反降；往年夏天都会加聘临时工，今年倒好，退居二线好几年的西罗重上了他的柴火窑炉。

加油站的汤姆听说我没见过"真佛"，执意带我一起去，"我们打小就是玩伴，没少在他老爹的店里捣蛋"。我们到的时候是下午5点多，门口有四五个人戴着口罩等着叫名字，店外几把太阳伞下放了7张四人桌，靠近路沿，车流不断，伸手都可以和司

▶ 2020 年 7 月 23 日，美国自然历史博物馆门前的罗斯福塑像。始终有两名警察全天候轮值，以防发生暴力冲突。塑像前方是博物馆新近放置的说明："为纪念前纽约政府和美国总统罗斯福，本雕塑于 1940 年向公众揭幕。如今，有人将其视作一支英勇的团队，有人将其视作种族分级的符号。"

机击掌的样子；一个姑娘站在吧台后，头也不抬地不停接电话。"西罗！"搓着手出来个戴着围腰的六旬光头。"哥们担待啊，只能坐外面了，这也才被恩准三个星期。政府说好的室内用餐又延了，还要等一个月，关张的心都有！这夏天还行，但刮风下雨就得收，天冷了更没辙。坐下了才可以摘掉口罩，进去用洗手间的路上劳您还得再戴上。"汤姆拍拍他的肩膀，"得了得了，你比西普里亚尼（Cipriani）强多了，好吧？"

西普里亚尼是有近百年历史的知名意大利餐厅，吊诡的是，越是有档次越是难重开，谁会愿意人均至少上百刀却只能坐在路沿用餐或者用塑料刀叉吃外卖呢？2月中旬，我和闺蜜还约在西普里亚尼中央车站的分店用过午膳，与其说是吃菜品，不如说是吃氛围。坐在高阔的楼厅上，俯视熙攘客流，是很有点纽约客的味道的。广播里的报站声若即若离，永远夹杂着你听不懂的地名，那是真假难辨的旅途；而你似乎是主角，戏份轻松，无非是有一搭没一搭地吃掉一盘意面，有一句没一句地谈谈所谓见闻罢了。那个瞬间，我忽然觉得，餐厅其实是剧场，佳肴美酒就是道具；布景、灯光、音乐和众多的配角，等着主角们展开剧情。然而，到了八月，美国已经有一百万餐饮从业人员失了业，就是说，数以百万计的配角离去，连带着他们自己的剧情和身家；等沦落到只允许叫外卖的时候，生命的主角已无处登场。餐饮被血淋淋地剥夺了灵魂。饮食男女若变成男女饮食，生命实在是太被轻慢了。

我正发呆，汤姆已经和相熟的中年女招待梅根聊上了。处理外卖并不轻松，对货、打电话、跑进跑出，没有停当的时候，还没有小费。纽约的餐厅只有堂食才付小费，一般在餐费的10%到25%之间，是服务员的主要收入来源。堂食太少，小费就无从谈起。西罗本来计划在停车场搭个棚子，但迟了一步，一个大棚都没能租到，"否则还能多放几桌"，梅根说她都要交不起房租了，但谢天谢地，西罗一直开着店，也没有辞退她。汤姆叫了他的"老三篇"，16美元的炸鱿鱼，18美元的纽约披萨，6美元的啤酒，我的冰水不要钱。走的时候他在桌上留了两张5美元、两张1美元，我总担心美国人的数学太差，这次他倒很笃定，"没错，咱们不欺负自己人哈。'在家工作'？说得好听，咱们有这好命吗？"

林地公寓的泳池边（8月22日）

按照惯例，林地（Wood land）公寓每到七月就会开放公共泳池。这是个老龄社区，今夏的泳池边，长者特别多，他们比谁都忧惧，又实在寂寞且无处可去。我也无处可去，回国机票无望，图书馆博物馆剧场商场统统关门，只有泳池碧水丹心。

我的打卡，实属无奈。傍晚我一旦出现，刷着手机的救生

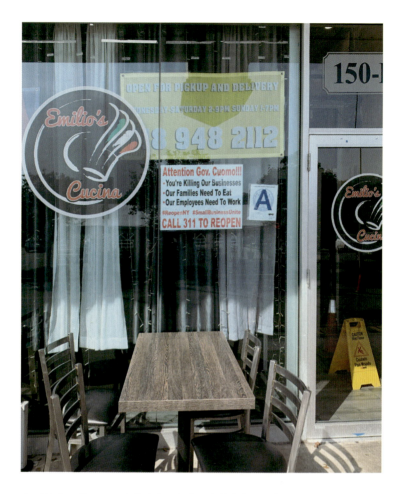

▲ 2020 年 7 月 15 日，纽约史泰登岛上一家供应意大利简餐的小吃店门上的告示。上书："科莫州长，注意了：你在扼杀我们的生意，我们的家庭需要吃饭，我们的员工需要工作！"该店主希望大家拨打 311 纽约市民热线，呼吁复市。署名的是两个组织："纽约复市"和"小业主协会"。

员就立马精神，拔出测温枪对准我的额头，盯着我写下姓名和房号，然后先我一步抱着浮条冲到救生席去。下水的常常只有孤家寡人，我在透心凉的水中漂浮，心情复杂。看着老人们戴着口罩，枯坐聊天，听见一半听不见一半，我真想把头扎下去，永远不要抬起来。但我不敢吓到年轻人。物业招来的救生员多是高中生，物业免出高价，年轻人赚些热钱。今年来的是个小伙子，黑色卷发。我透过泳镜看他，有点变形。戴着口罩的救生员，不仅是今夏一景，且会永存汗青吧。

每天我游完半个小时，攀着扶手出水，去躺椅上拿起口罩戴上，他都立马握着消毒剂，逐处喷杀一遍。为着这白纸黑字的规定动作，我俩怕是整个夏天都彼此怀着莫须有的歉意。到夏末，我觉得应该认真地为这款"贵宾"服务致谢，于是特地游到池边，望着他的眼睛说："谢谢你，年轻人！"他一把扯下口罩，冲口而出："应该是我要谢谢你。"这下轮到我心惊了——少年的俊俏自带闪电，掠地攻城。他还说："你不来，我每天实在是太无聊了。"

于是，默默的歉意变成了热闹的感谢，每日且游且谈模式开启。小伙子叫埃里奥（Elio），和电影《请用你的名字呼唤我》（*Call me by your name*）中的男主角一样，还美而不自知，以至于他的抱怨也带着那种无邪又无辜的表情。他就读的公立高中，秋季学期说是会采取线上线下混合的形式：单周到校 4 小时，双周到校 2 小时；一共六七门课，每门课上 20 分钟。"这不是骗人吗？能学到什么呢？其实平时也学不到什么，功课越来越简单，不许评优，大家比烂。但我就是要去学校。我在家怎么跟自己打垒球啊？我的打击乐队也黄了，虚拟排练？我看老师们就会玩虚的，你看报纸，以防疫之名嚷着加薪呢。教会学校和私立学校会线下开学，就我们公立的，教师工会势力最大；加了薪还是网课！为什么教书不是核心工作呢？我恨我今年还不能投票，但下一届我一定去。"

怎么安慰这名 17 岁美少年的"成长的烦恼"？美国公立学校系统所谓的"教育公平"，早已因为越拉越低的及格线而沦为"向下的平等"，其价值观更为某一派政党所垄断。即便是作为学生的埃里奥都看见了"皇帝的新装"，而极左派的缄默里，端的有阴谋，也有阳谋。我终究没有勇气向他坦白我也是教书匠。当了 30 年的教师和母亲，我心里太明白，年老的一天和年轻的一天，并不一样长。

花有重开日，人无再少年。

和平圣母堂（9 月 10 日）

房东海伦小有名气，一是因为她天生丽质，风韵犹存，二是因为她是托尼的太太。托尼做了一辈子消防员，热心仗义，去世

20 年，史泰登岛上还有人念着他，让海伦的脸上很有光。当然，三个儿子也添彩，都考上了管教严格的法雷尔主教男子中学，半个世纪过去了，海伦还整天挂在嘴上。

前年夏天，海伦在家中摔倒，住进养老院，养老院是天主教会办的，她年轻时去做过义工，"想不到我成了被照顾的了"，回家后只能坐轮椅，这让酷爱社交的她极为懊恼。今春疫情突袭，访客骤减，海伦从焦躁难耐快速切换到记忆混乱，再也记不得到底吃过午饭没有了；但她叫我搬出一堆相册，排排讲讲，她自己的、儿孙的、朋友的，结婚、洗礼、坚信礼、毕业礼，脑子无比清晰。很多照片的背景都是教堂，我笑说："您这辈子看来是在教堂里过的。""那是当然，孩子小的时候，我只能周末去做弥撒。后来托尼不在了，我每天 8 点都要去。家里的这些大事，甘农神父（Father Gannon）比我都记得牢。这几年走不动，去不了了。"6 月初教堂还没有恢复开放，海伦 93 岁生日，教友们约着来看她。大家散坐在泳池边唱生日歌，那是海伦神采重现的一刻。这之后，她开始问一些奇怪的问题，为什么还没有布置好圣诞树，为什么没人给托尼开门，直到 8 月末她不肯吃饭，卧床不起，整夜和故世了的父母说话。海伦的儿子不得已呼叫了临终关怀。

护士露丝（Ruth）做了 35 年的安宁终老服务，她平和地对海伦说："您看上去不错，我给您配点药，您会感觉舒服一些。

首先，请告诉我您想要神父来为您祷告吗？"“如果甘农神父还活着，我倒是很愿意再见到他。但现在不需要了。"露丝退回到客厅，很肯定地对家属说：“海伦只有两天到两周的时间了。"

两天以后，海伦离世。因为疫情，丧事不得不从简，但家人知道如果不为她在教堂举行告别弥撒，海伦会不安，所有人都会不安。于是决定火化，9月10日先在她的教堂举行丧礼，再择日下葬。11点，"圣道礼仪"在装饰肃穆的和平圣母堂开始。小儿子致悼词，神父请他领读了《圣经》中"旧约"的一段，然后讲经说，希望大家以超越的心去面对团体中一个个体的逝去。赞美诗后，神父又请孙子领读了"新约"选段，这一段我分辨出是《哥林多前书》15章51到57节："这必朽坏的既变成不朽坏的，这必死的既变成不死的，那时经上所记'死被得胜吞灭'的话就应验了。感谢神，使我们借着我们的主基督耶稣得胜。"葬礼中恭读天主圣言，并不是夸赞亡者，神父说，是要在复活基督的光照下，聆听"永生之言"。又一段赞美诗，神父再请大儿子带领所有参礼者代祷："为海伦，她完整的生命已接受了洗礼，如今被圣灵接纳，上主，求你垂怜；为所有今天聚在这里为信仰祈祷者，我们还会重聚在天国，上主，求你垂怜。"随后，是"感恩圣祭"，神父在海伦的骨灰盒前祝祷，接纳她在"主内安息"，然后备好了代表圣体和圣血的饼与杯；亡者此刻已"出离肉身，与主同在"，借着领受天主的圣体，亲友们与亡者共融，在吟唱赞美诗、跪拜、肃立聆听中，分享逾越的福乐。

我第一次参加天主教的完整葬礼，它真实地安慰了我的悲哀，也让我反思现当代以来备受批判的传统宗教观念及其仪轨究竟还有无价值。和平圣母堂绝不是纽约现在时髦的教堂，它在很多社会议题上持保守态度，离"政治正确"很远，是底层民众的教堂。当文化精英试图以自己的理念改造社会甚至摧毁传统宗教时，他们又对普通百姓的日常和信念了解多少呢？

别问我丧钟为谁而鸣。

2020年，这个世界每天都在表演着，而且是以令人肃然起敬的形式表演着愚昧和残忍，包括但不限于新冠疫情和美国总统大选。当我好不容易登上9月11日归国的飞机时，西德尼、芭芭拉、艾伦、亨利、西罗、黛娅、埃里奥和海伦的脸，在我眼前一遍遍闪回。谢谢他们告诉我这些朴素的心思，这些屏蔽在"政治正确"之外的人生。

火山爆发之时，没有一颗火星不事先知情。地火熊熊，于无声处。

2020年9月11日起稿于纽约飞旧金山再转机上海航班上
2020年9月25日定稿于上海锦江之星酒店隔离中

◀ 2020年8月16日，纽约州基恩镇上的基督教堂。这个地区的教民大多是支持民主党的较富裕阶层，这类教堂一般都继续延迟开放。教堂门口悬挂着支持同性恋的旗帜，草地上的标志牌上写着："我们相信：黑人的命也是命，没有人是非法的，爱就是爱，女权就是人权，科学是真的，水是生命，任何地区的不公正就是对所有地区公正的威胁。"海伦所在的天主教和平圣母堂在堕胎、同性恋、移民等议题上持保守态度，而这个基督教堂则代表着与之相反的另一类。两类教堂在教民的阶层、收入、族裔、来源地和政治态度等方面都有明显差异。

补记

疫情期间纽约公立学校停课，不仅影响了埃里奥这批当时高中毕业班的学生，而且其消极影响在现在的中学生身上仍未完全消除。笔者就此在家长群体里进行了代表性个案的调研，反应最为集中的有以下几点：1.小孩的情绪问题多了，容易郁闷。2.跟同龄人相处的能力退化。3.对在线学习产生了反感情绪，认为没有真实的获得感。4.学业能力两极分化，家长能自己辅导的或者有钱请得起家教的就很超前，反之就落后；总体而言，落后的多。

2024年12月底记于纽约林地公寓问卷调查后

它的目光被那走不完的铁栏，缠得这般疲倦，
什么也不能收留。
它好像只有千条的铁栏杆，千条的铁栏后便没有宇宙。
只有时眼帘无声地撩起，于是有一幅图像浸入，
通过四肢紧张的静寂——在心中化为乌有。

——里尔克（《豹》，1903，冯至译）

漫长的残冬

2021 年 1—3 月

在没有见识过纽约的冬天之前，我在华盛顿的博物馆里见过罗伯特·亨利（Robert Henri，1865—1929）的《纽约的雪》。没有天际线，高楼将天空切割成浑浊的长条。积雪的街道湿滑难行，惨淡的路灯不合比例地突兀出来。那时，我很感佩这位垃圾桶画派（Ashcan School）的核心创始人，以城市写实主义的决绝转向贫民纽约的勇气。2020年熬人的新冠疫情里，我常常想起这幅1902年的画作。这一整年的纽约，无非是他固住的那一瞬间。

寒彻，泥泞，漫长。纽约永远的冬天。

霜雪俱下潮相击

2020年岁末，纽约间歇地下起小雪，凛冽窸窣，地上不留多少痕迹。

美国疾控中心（CDC）说，旅行会扩散疫情，纽约规定即便是家庭聚会也不可以超过6个人，这些声音在电视报纸上滚动喧嚣。

但圣诞节，怎么说都像中国人的春节啊。

当地友人告诉我，回纽约的航班没有不满座的，但这是有记忆以来，第一次平安夜里大家族不能聚在一起吃个饭。阿娜从民主党执政的旧金山来，在家里也戴着口罩，吃饭才取下，端着盘子和家人保持着距离。她去看望儿时伙伴，从晚上 7 点聊到 10 点半，居然是戴着口罩站在户外走廊上聊的。纽约夜里早已是零下，后来一问才知，旧金山市府规定，不戴口罩罚款 500 美金，口罩就这样长在了他们的脸上。

戴娅从佛罗里达州来探望父母，只有出门才戴口罩。她去新泽西会友、跳操、吃饭、出手大方。因为佛罗里达是共和党执政，餐厅虽然限制人数，但室内餐饮一直迎客。迈阿密一贯有众多从纽约飞去的"候鸟人"，纽约闭市后，迈阿密直接成了"陪都"。她这一年每天都能收到 200 多美金的小费，估摸着一天要招呼 25 桌的客人，"因祸得福吧，都是豪客老乡"。

圣诞礼物还是照送，不过今年多了新风景，亲朋好友互赠富余的糕点和菜肴——家家户户"准备年货"都是老规矩，但今年谁家也吃不了。

从纽约出入境的航班，人都不会多。阿霞的父亲在波兰，有糖尿病，只有 60 多岁，染上了新冠，病危。纽约疫苗是按年龄往下，75 岁以上先打，阿霞刚满 40，她等不及也顾不上了。由于航空公司敦促乘客做好核酸检测，阿霞忙不迭地办好阴性证

明，飞回波兰，结果一路上没人查。她入了美国籍，否则出去了还回不来。

圣诞节当日，阿力坐飞机回科索沃的普里什蒂纳（Pristina），走之前他去街角的社区医疗点验了核酸，很多人排队，反正不是走保险就是政府买单；但登机前并未拿到结果，出入境时也无人问津。等他到了家，正与家人聚餐时，手机响了，阳性！可他什么症状也没有，一大家人倒也不慌张。阿力的祖父母、父亲和舅舅都是当地的知名医生，祖母作为南斯拉夫早期女性外科专家还得到过"中国人民的老朋友"铁托授予的勋章。他老爹很淡定地帮他安排了两次核酸检测，都是阴性，大家族整个圣诞节都在一起，平安喜乐。"我爹说了，核酸检测不全靠谱。"纽约市政府招募了 6 万"疫情追踪队员"，月薪 4000 美金。阿力回到纽约，因为阳性登录在册，果然接到电话查问行踪。纽约市府曾试图推行类似中国健康码和大数据行程码之类的东西，但民众不认不从。阿力不想麻烦，就说哪儿也没去。失业的人越来越多，他节后在亚马逊谋得了一份工作。线下的小商家被按在地上摩擦了一年，对亚马逊网站和开市客（Costco）超市这样的"霸主"，估计连羡慕嫉妒恨的气力都没有了。

我曾经问阿力怎么来的纽约，他说是1999年春夏之交科索沃战争时，阿族母亲拉着8岁的他从火海中逃出来，以难民身份到的纽约，一年后获得了美国公民身份。这和我的记忆吻合，就是那一年的5月，中国驻南斯拉夫使馆被北约军队炸毁，上海有市民和大学生到美领馆门前抗议，焚烧了美国国旗。

世界上没有别的城市像纽约这样，身上带着全世界的伤。

安德鲁的岳母核酸测试阳性，她在长岛波兰人开的美发品工坊打工，厂里有四五十个波兰裔工人，说是有四五人感染了新冠。纽约都是居家隔离，她要在家里待两周。安德鲁马上去测，快速检测和实验室检测的结果都是阴性，他自己也毫无感觉，所以检测后他还去市政厅办过电梯安装执照。两天后他感觉腿沉，再去测试，阳性！之后一周，剧烈咳嗽，肌肉疼到哭，医生说这算轻症，无需用药。他憋在家里实在难受，二男一女三个孩子吵得他快疯了，他就戴着口罩出门骑车。再一周，太太头也痛了，她没去检测，因为家就这么大，谁也回避不了谁。大儿子马修刚上公立小学，因为外婆生病，已经隔离了两周。刚想返校，一同学又感染，全体再隔离。一大家子都要崩溃了。这当口，8岁的马修抱着疫情前每周日带他去天主教堂的老爹说，不能上学真受不了啊，他喜欢上了一个女孩儿，她没有爸爸，有两个妈妈。安德鲁心力交瘁啊！他的合伙人马森近来也非常抑郁，他心爱的表妹失业半年后，在英格兰全境封锁期间跳楼自杀了。

英国在 2020 年 12 月初已经开打美国辉瑞的疫苗，2021 年 1 月初开打英国牛津疫苗。但英国 1 月 4 日至 2 月中旬还是实施了新一轮封锁政策应对病毒变异，规定除了在极有必要的情况下（例如满足基本的医疗和食品需求等），公民必须居家隔离，坚决不允许聚会社交类活动。从 2020 年 9 月到 2021 年 3 月，反对疫情严格管控的抗议游行在英国首都伦敦就没停止过。

2021 年的元旦，纽约下起了冻雨，硬生生打在脸上。

剧场、博物馆、音乐厅、体育场，乃至教堂，这些原本洋溢着节日气氛的场所，至今大门紧闭。美国人辟邪般地唾弃 2020 年，12 月 5 日《时代》周刊的封面直接就在黑色的"2020"上打了个红色大"✗"。辞旧迎新的时代广场，没有迫不及待的汹涌人潮，隔着电视屏幕的落球仪式，连烟花都那么寂寞。从 1907 年开始，纽约人就用这样的仪式迎接新年，与这次灾难类似的恐怕就是 1942 年和 1943 年二战期间限制照明的死寂。

元旦的中央公园，凄风冷雨，但满眼还是熙熙攘攘的口罩。住在公园附近的纽约人，多数属于可以居家工作或是根本就无需工作的，在户外空旷处也戴口罩，这被他们自诩为一种"德行修养"。公园的游乐设施似乎只有沃尔曼（Wollman Rink）溜冰场还开着——溜冰到底是纽约的冬季民俗。中场时候，磨冰车慢悠悠洒着水雾修补冰场，白色车身上硕大的黑色"特朗普"（TRUMP）标志，开过来，开过去，像极了特朗普本尊的嗷嗷恨意。1980 年，溜冰场因年久失修而关闭，纽约市府斥巨资花了六年也没完成翻修。1986 年，特朗普接管，三个月搞定，花钱少于预算。特朗普颇得意，把自己的大名以巨大的字号刷在围墙上、印在溜冰鞋出租台和员工制服上。没承想，2019 年就在自己的总统任上，"反特"成了纽约的"政治正确"。场子边沿和制服等处的名字被抹掉，旗杆下营造商的名字改用了很小的字体。只有磨冰车来不及换新，还顶着刺眼的"特朗普"磨磨叽叽。是不情愿还是不甘心？政治与冰面，世道与人心，不知哪个更冷酷。

新"黑帮"开局

　　纽约还是有讲人情的地界的。如果真有耶稣从天上看，一片阴郁中，他会格外欢喜布鲁克林区戴克高地（Dyker Heights）的人间烟火。家家户户比拼着圣诞灯彩，那是财力物力人力的竞赛，又是价值观、审美观和生活方式的展演。纵横两条主街和五条马路的上百户人家，自愿自发、兴致勃勃——节俗自古以来都

◀ 2021 年 1 月 3 日晚，纽约布鲁克林区戴克高地，民间自发的圣诞彩灯。上左：圣诞树、雪人、礼品盒、驯鹿是圣诞节最常见的民俗符号。上右：世俗文化中的圣诞老人和给孩子们藏礼物的大袜子。中：尽管疫情肆虐，但新年假期，戴克高地仍然华灯齐放。邻里争奇斗艳，游客流连忘返。下左：除惯有的宗教元素外，今年的灯饰还带有疫情特色：一户人家做了美国国旗，还在牌子上写着"谢谢！核心工作者们！我们爱你们！"下右：圣诞灯饰一般从头一年的 12 月初开始，延续到新年 1 月 6 日的"主显日"（Epiphany），以《圣经》为蓝本的"耶诞诞生的场景"（Nativity Scene）是常见的主题，"伯利恒之星"（the star of Bethlehem）是不可或缺的要素。

是百姓生活的华彩乐章。耶稣诞生在马槽，伯利恒之星（the star of Bethlehem）永远指引，圣诞老人不忘派发礼物，驯鹿和雪橇依然欢腾——无论如何，信仰依旧在，"生活"要继续。至少在这里，人类还没有沦落到只知道吃喝（更准确地说是百姓只有吃喝是被权力允许）的"生存"状态。

纽约新民俗戴克灯彩（Dyker Lights）的创始者是今年65岁的露西（Lucy Spata），1986年她搬到这个平民街区后，就决意用祖辈盛大的圣诞灯饰让它热闹起来，意大利裔生就了群居敞亮的脾性。街坊从不习惯到仿效，再到每年吸引30万游客。有报纸采访露西，说是不是今年疫情就别再搞了，以免人多聚集。露西两年前死了丈夫，但她到底是这个地界上的"腕把子"，"难道咱们不更应该给大伙儿鼓鼓劲儿吗？"我问一个看灯的白人大叔为啥拖家带口来，"太给力了！Go Guinea Go！"（上啊，"意佬"们上啊）。Guinea是纽约俚语，这个市井老词原来专指在纽约赚小钱的意大利裔苦力，类似称呼黑人"黑鬼"（Nigger），带着上海话里说苏北人"赤佬"的那种歧视，但有时候调侃、亲昵甚至服气的调调也是有的。

"Guinea们"在20世纪初处在纽约社会受苦受难的最底层，如今这些劳工的后代却被主流媒体暗指为"白人种族主义者"的基本盘。1980年代，露西在农贸市场练摊儿，起早摸黑，卖老公亲手做的意大利香肠和胡椒粉，冠名"露西香肠"，爆得大名，后来成为纽约所有食品节上的标配。露西上过好多次游行彩车，抛飞吻的艳照登上报纸。老公开着肉铺，还兼职为黑手党科伦坡家族跑腿，但过圣诞节必定会停下一切，头等大事是帮老婆张灯结彩，说是喜欢"她有童心"。他们的儿子小安杰洛（Angelo Spata Jr.）娶了科伦坡家族老大的女儿，1990年代成为岳父的私人助理，帮他从监狱传话出来遥控全局。他自己也进过局子，出过局子，势力范围遍及布鲁克林、曼哈顿和布朗克斯。早年挤破头的布鲁克林意大利食品节，小安杰洛一虎镇八方，每个摊位要交给他2500美金保护费。这一家"赤佬"，简直是电影《教父》的真人版，尤其是第二集。别忘了，美国黑手党过去是、现在依旧是意大利裔的天下。明明是"坏人坏事"，普天之下的良民却都成了影迷。无他，足够现实粗粝的社会底层，才保有足够执拗强悍的生命力。盗亦有道，敬畏存焉。

然而，2021年开局的"三个惊悚"，可能预示着美国的"黑帮"换了主业。

1月6日，特朗普和朱利安尼主持"拯救美国"集会，特朗普发表演讲，认为"大选存在舞弊"，不接受"败选"；随后特朗普的支持者冲进国会大厦，大选认证程序中断，有示威者与警方发生冲突，美国各主流媒体都报道有数人死亡，但死因和人数说法混乱。此乃"一惊"。当晚特朗普被"推特"永久封锁，脸书和照片墙（Instagram）火速跟进，"油管"随即隐藏了特朗普的视频。上不了社交媒体的特朗普，一步坠入"社会性死亡"。一名在位民选总统被本国商业公司噤声，前无古人，此乃"二惊"。随后，谷歌将允许特朗普及其同情者发声的"说吧"（Parler）软件从应用商店中移除，苹果也将其下架，而亚马逊应声停止为其提供互联网托管服务，从而导致"说吧"网站下线。此乃"三惊"。

"新黑帮"，"云"上坐。所有的专制，无不从监控与禁言滥觞。垄断一如专制，一手能遮天，才敢无法无天。"我不同意你的观点，但我誓死捍卫你说话的权利"——美国"言论自由"的贞节牌坊，在互联网寡头引领的"政治正确"中，呼啸着轰然倒下！

"我们耻为美国人，但也许你该为此爱上它；因为你有权如此声张，而不会被公开吊上绞架。他们从未释放奴隶，他们明白无需锁链。他们给我们迷你屏幕，我们就当是自由无数，因为我们对这牢笼熟视无睹。"政治不正确"的说唱歌手麦克唐纳（Thomas C. MacDonald）如当年崔健般异军突起，他的《假醒》（Fake Woke）1月上线，一个月里点击播放了千万余次。

一月的纽约，滴水成冰。

迟迟不许"里边请"，没有了餐厅的纽约也就没有了客厅。阳伞加帐篷，熬过了夏天的饭店业主，在门前马路上搞出各式临时搭建。上东区 93 街上的意大利餐厅维科丽娜（Vicolina），求生欲绝对强悍，在麦迪逊大道上搭起木屋，挂上窗帘，烧起火炉，装饰上真的藤蔓。哭笑不得的是，典雅温暖的饭店本尊就在两米之遥。而坐在“模拟餐厅”（virtual，也译作“虚拟”，从2020年春开始就是纽约榜首流行语，满世界的“虚拟会议、虚拟课堂、虚拟展览”）里，你还要在餐费之上多付3.5%的所谓“新冠补偿费”（COVID-19 Recovery Charge）——这是纽约市议会的决议，最高可以收到10%。天下没有免费的午餐，这幢木屋的造价保守估计也要2万美金。

纽约的冬天，寒风凛烈。当地人都会在羽绒服套头帽里面再戴个绒线帽子，街面上实在待不住。1月22日，我从97街走到57街，麦迪逊大道上所有的室外搭建里都没有超过5名客人，且全部是白人。我特地转到熟悉的卡拉瓦乔，木架棚里摆着10张桌子，一对客人穿着大衣，戴着手套！小商铺渐次开了门，20平方的面包店门上写着只可以同时有4名客人，十几平方的首饰店只可以进2人。这些张贴看得人恹气——人类互相嫌避，人山人海的纽约成了遥远的传说。

惠特妮博物馆终于恢复了营业，开馆时间大大缩水，要提前网上预约。2020年3月闭馆前就开始的墨西哥壁画特展到1月底就要结束，里面人头攒动。观众大衣口罩、背包戴帽，狼狈地面对着人类的精神文明。衣帽间不再服务，整个世界不可触碰的样子。

◀疫情期间不允许室内用餐的纽约餐饮百态。左：2021年1月22日，曼哈顿的麦迪逊大道上，维科丽娜餐厅搭建的豪华版临时木屋，几乎碰上了从餐厅本体伸出来的雨篷。右上：2021年1月22日，纽约餐饮时尚地标熨斗区，临时搭建物连成了排，但吃客寥寥。右中：2021年2月14日，史泰登岛上的艾记（Egger's）冰激凌店以因纽特人的"圆顶冰屋"（Igloo）为创意，在户外搭建的"情人节"食客区域，45分钟场租30美金，网上预定火爆。右下：2021年2月23日，一家做街坊生意的小吃店外，工人们正在临时搭建物里吃着店里提供的快餐。

在这个"革命"的热展之外，还有什么特展呢？一个黑人摄影师群展和一个同性恋画家个展。惠特妮近年的策展水平令人担忧，越来越热衷"身份政治"的图解。以肤色和性取向来认定艺术家，难道不是对其完整人格及其艺术修为的无视、肢解乃至诋毁吗？好在还有固展。在1900年到1965年的珍藏前，观者寥寥，人们似乎不记得它们曾经也时髦得惊世骇俗过。但身体不说谎，一进来，其他展厅的聒噪与骄狂就被消了音。

时间最忠厚，最诚恳。我在爱德华·霍珀（Edward Hopper）《星期天的早晨》前坐了许久。1930年他描绘的第七大街，像是纽约疫情的预言——街上空无一人，商铺缄默不语。如此现实，又如此的现实感丧失，仿佛面对的是幻境与幽灵。历史没有巧合。罗伯特·亨利画《纽约的雪》的时候，徒弟的名单里就有日后鼎鼎大名的霍珀——都市的，平民的，纽约的。

白茫茫大地真干净

1月31日，纽约飘起大雪。很快，"落了片白茫茫大地真干净"。

1月20日拜登入主白宫后，第五大道上的大商家才真正恢复营业。蒂凡尼门前的路障总算被移除，车辆通行，碾过刷在地上的"黑人的命也是命"标语。以前由年轻的白人帅哥担任的门童都换成了黑人大叔，沿街的蒂凡尼广告上清一色黑人模特。时尚界是靠敏感吃饭的，2020 年 11 月号的 Elle(《世界时装之苑》)杂志封面就已经是卡玛拉·哈里斯（Kamala Harris）了；在她坐上副总统宝座后，Vogue（《服饰与美容》）让她登上了 2021 年第 2 期的封面，迟了一步不说，还因为把黑人和印度人混血的她拍得显白而引发了舆论争议。但话都是人说的，世界顶级模特公司 IMG 不失时机地把哈里斯的继女艾拉（Elle Emhoff）收入帐下，总裁巴特（Ivan Bart）更说得不管不顾，"高矮胖瘦性别什么的都无所谓，艾拉有酷酷的乐呵劲儿"。

2 月 7 日，被比作"美国春晚"的"超级碗"橄榄球赛，可容纳 6 万多人的球场仅限 2 万观众；空座上插着 3 万纸板人，大把大把的人花 100 美金把自己的照片印上去——这都什么鬼？佛罗里达是特朗普的大本营，前任总统亲临现场，但媒体上一个鬼影也没有。所以说，美国的主流媒体也是特别讲政治的。历史和魔鬼，都藏在这样的细节里。

当然，纽约的主流媒体也有让人惊诧莫名的时候。2 月 4 日，《时代》周刊发表调查记者莫莉·鲍尔（Molly Ball）的署名文章《保护了 2020 大选的影子竞选运动秘密史》。这份详细的报告指出，"左翼活动家和商业巨头"联手的"影子运动"，稳准狠地"保卫了 2020 年总统大选"。我姑且逐字翻译两段原文如下："尽管这听起来像是一个偏执狂的梦想，但参与者还是希望把 2020

年大选的秘史告诉人们：这是由跨越各行各业和意识形态的实力者组成的阴谋集团，他们在幕后共同操作，来影响民众的看法，改变规则和法律，引导媒体报道并控制信息。"鲍尔声称这是"维护自由和公平选举的英勇努力"，"他们不是在操纵选举，而是在强化它，他们认为，公众需要了解选举系统的脆弱性，以确保美国的民主能够持久"。《时代》是左派媒体，这样成王败寇式的文字究竟是得意忘形、邀功请赏还是不打自招，虽不得而知，但2020年的大选是不是被人做了手脚，却开始让人生疑。

事实的反转，可谓"语不惊人死不休"。纽约市一直是疫情重灾区，但纽约州长科莫一直以"抗疫英雄"自居，2020年10月还出了一本《美国危机：从新冠疫情看领导力教训》，他

◄ 2021年1月28日下午2时许，纽约第五大道上移除护栏后的"黑人的命也是命"标语。这条标语是2020年7月由纽约市长带领刷在地上的，之后长时间不允许人车通行。旁边是刚刚恢复营业的蒂凡尼旗舰店。

的"丰功伟绩"之一就是把感染的老人送回养老院。因为每天上电视评说疫情，他甚至获得了2020年美国电视大奖"艾美奖"。吊诡的是，2021年1月下旬，纽约州检察长发布报告称，纽约养老院的死亡人数不是先前公布的9154人，而是15049人，占纽约死亡人数的三分之一；半个月后，科莫给出数据对不上的理由是"报告延迟"；但尴尬的是，2月11日，科莫的秘书在电话会议中告知州议员们，隐瞒真实数据是为了防止特朗普政府采取"政治行动"；当同事公开批评后，科莫竟电话威胁断其前程。舆论一度哗然，而邀请哥哥上CNN节目十多次的知名主持人小科莫却对此丑闻保持沉默。更有意味的是，随即爆出所谓科莫"性骚扰"的绯闻，如果不惮以最坏的恶意来揣摩美国政坛，是可以咂摸出一些暗度陈仓的味道的。科莫的《美国危机》仍在亚马逊上热销，最高的一条读后评论超过3000复议，其中有这样一段话："这是一条真正的批评：将新冠阳性患者送回疗养院的决定，杀死了数千人，而这是他拒绝承担任何责任的事实。封锁和限制，对经济造成了极大的破坏。用科学来领导？让我们记住，'用科学来领导'也曾是纳粹德国优生运动的口号。人们不会不理会科学，但新冠疫情期间的科学简直是可怕的，而且完全被政治化了。"

2月的纽约极寒，雪花纷纷扬扬，无休无止。

拜登1月20日上台后，民主党主政的芝加哥、费城、华盛顿立马恢复了室内用餐（限客流 25%），加州紧随其后，纽约硬是拖到了 2 月中旬。18 日暴雪，好友罗琳说好不容易又可以去饭店了，顶风冒雪的，就去家好点儿的吧，于是约了中央公园西面"特朗普国际酒店"里的法餐厅"让·乔治"（Nougatine at Jean-Georges）。这是家米林两星，菜品没话说，但餐聚真的只为口腹之欲吗？这样高级的餐厅，桌上放着洗手液；为了防疫，点菜要扫码，闺蜜是纽约"老克腊"，不紧不慢，轻轻一句"我要菜单可以吗？"经理一路小跑着打印了人手一份，"您留着，您放心，不重复使用的"。很显然，菜单与疫情前相比是瘦身了的。

侍应生戴着一次性纸口罩和塑料手套摆上刀叉，直接就是医院里开刀前医生码齐手术刀的即视感。小伙子原先在下城的格拉梅西酒馆（Gramercy Tavern）跑堂，饭店做的是周边写字楼的生意，现在都在家上班了，午餐也就开不起，他便转来这里。问他为什么戴两层黑色纸口罩，何不直接戴一个 N95 保险？他说不好看，而且黑色看起来比蓝色、白色的口罩要高级。也是，何止"让·乔治"啊，人人都在戏里。两层口罩，从直播拜登的就职典礼就开始流行，而且外面一层布口罩还要和着装配着色，俨然"新时尚"，"两朝元老"、疫情专家福奇医生在接受 NBC（美国全国广播公司）采访时也说，两层口罩"应该更管用"（it likely does）。美国人从去年最不习惯戴口罩，到今年流行戴两层口罩，我很难判断这是不是矫枉过正；但我确定的是，"两层口罩"已然是阶级分化和党派归属的标记物，高低贵贱，民主共和，"罩"数分晓。

雪越下越大，路面积雪很厚。开车四轮驱动，也不敢超过时速 20 英里。

只能坐在家里看书了。上亚马逊看见时事类里的畅销书第一名，是一本 2 月 17 日出版的《深探》（*The Deep Rig*），216 页，Kindle 卖 3.99 美金。副标题特别长，"大选欺诈是如何毁灭了唐纳德·特朗普的白宫生涯——作者是一个没有投票给他的人——或者如何回应友人们的疑问：'你为什么对 2020 年大选的公正性持有怀疑？'"。亚马逊上十天不到有 149 条评论，和《纽约时报》《华盛顿邮报》的观点南辕北辙。我想，美国的政治学教授们是否愿意躬身倾听一分钟这类的声音呢？

3 月 2 日，出版商"苏斯博士企业"发布声明，旗下初版于 1937 年到 1976 年间的 6 本童书，因涉嫌"以伤人且错误的方式描绘人"而停止出版。路透社的报道说，这些童书是"种族主义的"，存在对亚洲裔和非洲裔的负面形象。我一打听，邻居老太卡洛家就有一整套，我和她的外孙、6 岁的尼古拉商量，借了一本"嫌犯"。看下来，很像小朋友的语音教材，多是押韵的有趣的句子，配上夸张诙谐的画面，被报上批评的那页写着"中国人吃饭用棍子（筷子）"，画着一个穿马褂的男孩，戴着一顶清代的瓜皮帽。苏斯博士（Dr. Seuss）是西奥多·盖索（Theodor Seuss

Geisel，1904—1991）的笔名，福布斯2020年名下进账最多的过世名人榜单上，他排名第二，仅次于已故歌星迈克尔·杰克逊，足见其在美国民众中至今受欢迎的程度。苏斯博士一生画了60多本童书，但估计他没有过一个中国好友。其实他的年代，美国所有大众文化中对中国的异域想象，就没有不荒唐走板的。然而，究竟该如何认识和评价历史人物和历史事件，尤其是本国文化遗产中的问题和局限？与当前以禁书禁言为表征的"删除文化"相比，美国是否拿得出更理性、更智慧的解决方案？这些问题的答案，恐怕将是美国向上走还是向下走的分水岭。当历史为我所用被断章取义，当文化遗产也要接受"政治验血"，当民众习惯于听信与服从，人类就会失去"自由思考"这一沉重而至尊的权利。

百多年过去了，纽约的雪还是纽约的雪。银装素裹，只会是清晨的一瞬间。很快，盐撒过，车开过，人踩过。邋遢的残雪，终是纽约冬天的日常。

顶着暴雪，深一脚浅一脚，再付了3小时60美元的车库停车费，赶去摩根博物馆。大卫·霍克尼（David Hockney）"生命写真"个展，像一份画出来的简历，坦白出他一生中亲近过的人。名冠天下的老人家，据说正在法国南方庄园画花画草，自我隔离。这里不过是些早期探索性的作品，自我表白的成分多，尤其在青年同性恋题材里沉浮又纠结。当然，这在纽约之当下，按照鲁迅先生的说法，还是"髦的合时"的。

疫情极大地刺激了网络技术的应用，网上预定时间和门票，避免了接触，控制了人流。我预约的是周五下午三点进场的免费票，不是舍不得买票，而是贪恋每周五下午循例会表演的室内乐。太久没有现场欣赏过演出了，可又担心太多老规矩都以疫情之名大打折扣。偌大的博物馆不超过 30 名客人，但乐声安闲随意地充满了这个新旧一体的牢固空间。三位乐手戴着口罩，演绎着爵士；观众穿着大衣，保持社交距离，静静倾听。大片大片的雪花在几十米高的玻璃幕墙外飘然而落，摩根图书馆的大理石屋顶早已皑皑无瑕。我知道，这是摩根的气度，也是纽约保有的一种尊严。

当一切都不确定时，应该去曼哈顿下东城吃一块三明治，那是纽约的味道，踏实的味道。卡茨熟食店（Katz's Delicatessen），1888 年在犹太移民聚居的街区开业。新名片背面印着 2021 年年历，头顶一句是"美国建国 245 年，我们开业 133 年"。二战期间，店主的三个儿子都在部队服役，它就打出"给你队伍里的男儿寄根香肠"的广告，这句话至今印在卡茨提供给境内外美军特供食品的包装上。

这是一个没有被游客败坏的"当地"，所有人都乖乖地"屈从"于它古老的购物规则，拿小票、点餐、票上记账、吃，只要不出门，上述步骤可无限循环，最后去门口小窗凭票付现金。情绪低落时我会来这里，店堂里站着的坐着的，没有一天不是人挤人。点上一份《男欢女爱》（*When Harry Met Sally*）里女主吃过的三明治，心情立刻大好（原因不宜剧透）。

老法制作的熏牛肉，处理过程长达 30 天，绝对酥软。一份熏牛肉（pastrami）三明治 21 美元，一般都会厚到手握不住，但具体有多大，要看你和壮硕的切肉师傅面对面的互动效果，这才是高潮。一列壮汉排开，你好不容易挤上柜台，他拿着大块的肉，给你各种切各种尝，你负责各种尝各种赞。你往他的杯子里塞小费，他往你的三明治里塞牛肉，双方意犹未尽。

▼ 2021 年 2 月 19 日，位于第五大道 42 街的纽约市公共图书馆主馆。这座研究型图书馆自 2020 年 3 月 14 日闭馆至今。北面的石狮叫"坚毅"，身上落满积雪，图书馆给它戴上了巨型口罩。图书馆门柱红色旗帜上写着"纽约万岁"。

纽约人爱这里的摩肩接踵，爱这里的热闹俚俗，爱这里轻松畅快的人与人。但疫情竟让开业了百多年的老店，一年里没有坐进一个客人来。外卖能填饱肚子，但无法慰藉人心。社会，本该是人与人的连接，这和"饮食男女"一样，原本也是"人之大欲"呀。

3月里，被铲到路边的雪堆开始融化，里面裹挟着的垃圾露了出来，有不少是丢弃的口罩，东一个西一个，皱巴着，像残废的病体，像无声的叹息。但春天，还是不可遏制地到来了。我在脏兮兮的街边土路上，看见了儿时常挖的一簇一簇的野葱，一片荒芜中的欣欣然。房东不明白我为什么会把野草挖回来种在阳台上，我很难给他讲中国人在背诵"野火烧不尽，春风吹又生"时的心悸，我只能给他念德国诗人里尔克的句子："我们只是路过万物，像一阵风吹过。万物对我们缄默，仿佛有一种默契，也许视我们半是耻辱，半是难以言喻的希望。"

2021年3月26日从如家酒店解除14天隔离回到家中

补记

回头看，2020 年的确是纽约遭受疫情重创最为显著的一年。

2023 年 4 月，纽约市卫生部发布了 2020 年的《人口统计年度摘要》，指出：2020 年的疫情导致每 10 万人中有 241.3 人死亡，超过 1918 年纽约遭遇的西班牙流感，当年每 10 万人中有 228.9 人死亡。2020 年纽约市的预期寿命较 2019 年骤降 4.6 岁，下降到 78 岁，寿命损失的最大因素是新冠肺炎。

2021 年 4 月，纽约州办公室发布的纽约市 2020 年旅游业报显示：2020 年，纽约市结束持续 10 年的旅游增长期，游客人数下降了 67%，从 2019 年的 6660 万人次下降到 2230 万人次。该行业的经济影响从 2019 年的 803 亿美元下降到 2020 年的 202 亿美元，下降了 75%。曼哈顿的酒店业在 2020 年失去了 46% 的工作岗位。

纽约市政府官网 2024 年 12 月 20 日发布数字显示：2024 年纽约市全年接待游客约 6500 万人次，略少于疫情前的 2019 年。2024 年旅游在纽约市和纽约州产生了 790 亿美元的经济影响，标志着疫情后城市经济的全面复苏。

2024 年 12 月 22 日记于第五大道纽约市立图书馆

我们快乐吗？

灯光一点一点地熄灭，在陷入黑暗之前；

我想保持希望，

然后，照旧跳舞。

——卡罗杰洛（《照旧跳舞》，2016）

长夏非常

2021 年 7—9 月

2021 年夏，纽约。

不同于往年，暴雨是一场连着再下一场。

热辣干爽的日子，寥寥。

自缚在所谓新冠疫情的巨网里，纽约客却越来越多，成了焦渴的岸上鱼。

更明朗的日子?

6 月初，电视上频繁报道辉瑞、摩德纳和强生三家公司的疫苗"威力"，言及病毒的突破感染案例"极度罕见"（低于 1%），市面上的恐惧气氛略略缓解，纽约街头短暂地荡漾过一阵初夏的微风。超市的门上写着"打全疫苗者，不用戴口罩；未打疫苗者，请佩戴口罩"；东河边的步道上，跑步的人大都露出了真容；中央公园里重又飘出了艺人的乐声；到俱乐部式的丽城堡（Casa Belvedere）和小资潮店大卫·伯克酒馆（David Burke Tavern）会友，都遇到楼上年轻人整晚开派对，浪笑在头顶摇摇滚滚——被疫情榨干了的"大苹果"（纽约的昵称），表情夸张地想缓过劲儿来。

"红钩"（Red Hook），午后。坐在"布鲁克林蟹"（Brooklyn Crab）二楼的临窗吧台上，望见"自由女神"在清透的热风里吃力地举着火炬。壮硕的混血服务生端着大盆茄汁青口贝（mussel），抱怨整天戴口罩憋得慌，客人倒是都可以不用戴了，"这是什么奇葩逻辑！"他们的店有大片露台，生意没受太大影响。从楼上看下去，旁边的"老家烧烤"（Home town BBQ）反而比疫情之前劲爆，原本刻意乡土风的室内堂食，改成了室外大排档，烤肉倒吃得真挚了起来。但靠近纽约湾的"光之阁"（Sunny's）就没那么好命了，它本以狭小的室内空间挤爆故意摩肩接踵的文青和见缝插针炫技的自由音乐人而出名，疫情一来，惊鸟四散。酒吧现在是恢复了，可人流和乐手却都"脉脉与迢迢"。艺术、钱、性（和）命，到底哪个才是空口白牙的"真爱"？病毒是个真试剂。

下得楼来，是个露天花木市场，刚想进去，精明的中年女老板断喝："戴口罩！"果然很布鲁克林，潮人的地界上，口罩是高级"三道杠"，离阶层很近，离疫情很远。

去找橱柜代理商里奇（Richie），他正在门口了无生趣地搬着样品，一见人马上眉开眼笑，热情拥抱寒暄，典型的推销员模式。然后引荐员工，两名女店员，一边起身，一边戴口罩，这成了新的礼貌规则。里奇在招人，起薪一小时15美金，好几个月无人应聘。"疫情补贴拿惯了，谁还愿意回来干活儿呢？"

再去见阿方斯，修车行生意火爆，似乎恢复了常态，但他抱怨年轻人不愿意学修车，车行缺新手；他有集装箱大货车驾照，如今佣金 1 小时 100 美金，年轻人居然都不愿意学，而想通过拿文凭的独木桥，过上白领的日子，"上大学？去了大学搞得好四体不勤了，搞不好男人变女人，直接断子绝孙了"。礼失求诸野，话糙理不糙。美国不少大学正在沦为比极左还左的"鼓风机"，将"性别政治"和"政治正确"搅和在一起，为性少数群体（LGBTQ）争取权益的主张开始矫枉过正，甚至纽约公立教育系统已经着手将"新性别认同教育"推行到中小学，让很多异性恋家长感到被冒犯。

理查德（Richard）是个胖胖的有故事的粉刷匠，他的小公司刷过纽约市的 81 座教堂。这个老派纽约生意人，从不弄合同，全凭自家信用和朋友情面。去年 3 月初，理查德从佛罗里达度假回纽约，就遇上封禁（lockdown）。"9·11"后很多人搬出纽约，他的生意陡降，这次他在家待了五个星期，合伙人说还是得出去工作啊，一直躲着也不是个办法。当时不明白这个病毒是怎么回事儿，他得过癌症，不想自己感染也不想感染别人。因此放出话说，只做空屋，结果一气做了 5 家；然后是商业性公司，因为都"在家工作"了，很多办公楼都空着。去年年底早早打了疫苗后，生意更是一路刷新，成了 20 年来最好的一年。理查德以前的女人被网友网聊撬走了，让他与"网络虚拟（virtual）"势不两立。

"虚拟？扯吧，我只知道刷墙必须实打实。有人不出门可以活，就必须有人出门为他干活！这种政治咋不去问问他娘正确不？"

2020年10月，哈佛大学医学院流行病学教授库尔多夫（Martin Kulldorff）与斯坦福大学的巴塔查里亚（Jay Bhattacharya）教授、牛津大学的古普塔（Sunetra Gupta）教授一起发表了"大巴林顿宣言"（Great Barrington Declaration），因为与主流叙事相悖，遭遇媒体、网络平台和医疗公司的打压。2021年6月，作为流行病检测与数据挖掘软件开发人的库尔多夫，再次发表署名文章《我为什么发声反对封禁》，评论8个月来的防疫现实："在我认识的传染病学同僚中，大多数都倾向于对高危群体重点保护而反对封禁，然而媒体却营造出一种科学界赞成封禁的'共识'"，"最终，封禁政策保护的是年轻低风险在家办公的职业人士——记者、律师、科学家、银行家等，牺牲的是孩子、劳工阶层和穷人"。库尔多夫直言不讳："在美国，封禁是自种族隔离和越战以来，对工人阶层的最大打击"，"希望有一天我们可以面对面见面，能和你一起手舞足蹈，照旧跳舞！"《照旧跳舞》（Dancer encore）是一首法国流行歌曲，"我们快乐吗？灯光一点一点地熄灭，在陷入黑暗之前；我想保持希望，然后，照旧跳舞"。欧美很多地方，人们唱着这首歌集会游行，反对封禁，只是这些抗议的视频也被封禁了，因为互联网巨头不喜欢。

6月15日纽约州长科莫说纽约州成人疫苗接种率已达70%，并取消实行了一年多的大部分防疫措施。斯蒂芬看到瓦格纳家族有限公司的门廊终于插上了"营业中"的旗幡，赶紧给去年9月过世的母亲海伦定制墓碑。经理朱莉娅（Julia）是荷兰裔，她的太祖在曼哈顿创办了这家公司，辗转布鲁克林，最后落脚史泰登岛，到她手里已是第四代。与殡仪以及丧葬相关的公司，从去年3月闭市后就一直不许开，因为不属于"核心"工作，据她91岁的母亲说，这在百年家族史上都绝无仅有。"死者为大，还有什么比这更核心的人生大事呢？"大半年中，超出往年的电话预约更是完全无法回应。6月1日，岛上的殡葬协会私下议定无论如何要复工，顶着被市府罚款的压力，一起开门，不抢生意，并以法不责众壮胆。孰料一开门就排起了长队，她只好发名片劝后来者去喝杯咖啡再来，"这活儿急不得"，大家也理解。好在无风无浪，没有人来找麻烦。现在终于"合法营业"了，但积压的需求太多，墓园、石匠都在赶活儿，海伦的墓碑说是要等到10月才能刻上名字了。

6月18日，去纽约市政厅办理一份文件，结果扑了个空。门口值班的警察说，因为"六月节"（Juneteenth National Independence Day），调休放假了。1865年6月19日，联邦军队抵达得克萨斯州加尔维斯顿，带来《解放宣言》并释放了黑奴。这本是得州的一个节庆活动，纽约是不放假的。上网检索才知道，总统拜登响应黑人民权活动家奥帕尔·李（Opal Lee）等人的倡议，刚刚签署了法律，将"六月全国独立日"认定为联邦假日。纽约公务员也就多出了一天公假，但也有黑人教授很不买账，发表文章称"对这种摆姿态的做法很平静，因为制度性的压迫仍然存在"。

纽约市政厅前的雕塑由公共艺术基金会统筹，5月到11月在这个政权标志地"摆姿态"的，是黑人雕塑家梅尔文·爱德华兹（Melvin Edwards）的系列作品《更明朗的日子》（*Brighter Days*），基本元素是各种堆砌、拼装的铁链和枷锁。当纽约人在一本正经地争论艺术性和思想性的时候，才发现人类乌托邦的荷尔蒙，总是逃不出千篇一律的套话。

"制度性压迫"真是个高妙的政治发明。为了"政治正确"（也不妨翻译为"政治领先"或"政治挂帅"），全美的大牌都在积极站队，纽约一下子黑得时髦了起来。满大街的广告不管卖什么都要掺入黑人模特，最忙的恐怕是美国芭蕾舞剧团的首席舞者米斯蒂·克普兰德（Misty Copeland），从雅诗兰黛香水开始，她在手表、时装、箱包等所有类型的奢侈品旁踮起脚举着三位手，霸满第五大道的黄金地段。当满大街都不得不是同一种颜色（不论是黑色还是彩虹色）的时候，看上去混不吝实则有些天真的纽约人，是不是可以稍稍警惕一点点呢？

思想的颜色被限定，才是真正的"制度性压迫"。

◀ 2021 年 6 月 24 日，一名黑人男性带着三个孩子在纽约市政厅前的公共雕塑上玩耍。后方的白色建筑即为市政大厦，透过树荫，两面挂在大门上方的巨大彩虹旗（LGBTQ 旗帜）隐约可见。这是黑人雕塑家爱德华兹《更明朗的日子》系列中的一个，创作于 2020 年，名为《挣脱锁链之歌》（*Song of Broken Chains*）。纽约公共艺术委员会撰写了说明文字："这是规模宏大的纪念碑，挣脱的碎片暗示着解放和决裂，艺术家起的名字唤起了一首庄严而充满希望的救赎之歌。"

鬼魅丛林

2021 年夏天的纽约，阴晴不定，携带着虽不是昭然若揭但多少有些欲盖弥彰的不安，鬼影重重。

公交车站换上了各种公益海报，非常"疗愈"，非常煽情；与去年夏天怒火金刚的"黑人的命也是命""我无法呼吸""沉默不是一种选择"相比，不啻炼狱天堂。"纽约不停步""一起创造和平而繁荣的社会""在纽约，我们都是家人。让我们停止暴力"。不用太高的智商和情商，就能明白纽约市府的宣传功夫绝不是吃素的；然而，锣鼓听声，说话听音——是谁让纽约从去年 3 月 1 日到 6 月 8 日整整封城一百天呢？为什么现在市面如此萧条，招工如此艰难呢？如果没有干净的答案，那么这些海报就是不打自招的鬼话，就是大把大把撒在伤口上的盐。

疫情的后遗症俯拾皆是。8 月 17 日，纽约市政府发布"纽约之匙（Key to NYC）"计划，要求进入餐厅、剧院、健身房、博物馆和电影院等室内场所必须出示疫苗接种卡，当日生效，并于 9 月 13 日强制实施，违者罚款 1000 美元。

9 月 7 日，好友约我去 56 街靠近第五大道的惠比酒店（Whitby hotel）午餐。前台编着华丽"脏辫"的黑妹妹堵在门口，查我的疫苗证明，说是三周前已经开始，一天有 5 人左右被拒。我从手机里翻出我的中国疫苗记录、护照，甚至身份证，花了 10 分钟，翻译、解释，总算过了关。闺蜜有当地疾控中心的疫苗卡，一眼即过，但她坐下后悄声和我说，她的好朋友是意大利人，一对诺贝尔奖得主夫妇，出于对可能后遗症的担忧，不愿意打"紧急使用授权"的非灭活疫苗，而且既不肯冒用她在新泽西的疫苗应用程序截屏（上面竟然没有身份信息，只有注射地标号和注射日期），也不愿意花 600 美金在黑市上买个假证明，结果没法和她一起参加一家新俱乐部的筹款晚宴了。

我亲测的经历，曼哈顿上西区的中餐馆"川里川外"，要看我的证明，没带证明的只能点外卖；而史泰登岛上常去的披萨店里都是街坊熟面孔，老板开不了口问人要疫苗卡，"好像嫌弃人家赶人走似的"。布莱恩特（Bryant）公园的免费露天电影，没打疫苗就不许进内场。大都会博物馆官网上说，从 8 月 19 日起，12 岁以上的参观者都要证明自己至少完成了一剂疫苗，但我买门票的时候，售票员一句话都没说，直接出了票。很多纽约人尤其中产者都是顺从这一规定的，但也有不少反对的声音。"健康病史"在美国人的观念里，一向属于隐私，很多人对这些信息的被迫示人，很是反感。不少人认为这是变相逼迫所有人打疫苗，质疑某些药企和政府在"合谋"垄断；也有法律界人士反对按是否接种疫苗来限定人们可以进出的场所，因为侵害私权，违反了自由平等的价值观，还涉嫌监控与专制。已有餐厅协会起诉市政府，抗议对刚有起色的餐饮业的再次"打压"，因为杂货店、教

▲ 2021 年 6 月至 9 月间，纽约市区公共汽车站上的政府宣传海报。"纽约要坚强"（Stay Strong. NYC）是 2020 年就开始铺开的口号，但那时是用在"抗议"（"黑人的命也是命"运动）和"防疫"两大动员上，今夏则聚焦于推进"社区团结"这个主题。

堂、学校和办公楼等并不在要求之列。

"疫苗令"在纽约俨然成了"发动群众斗群众"的"口水大战",而作为一个人类学者,这些反对的声音和共同经历的挣扎却增长着我的智识自由,让我去思考世界上人类心灵的不同感受和人类生活的更多可能性。

站在中央车站中庭新得晃眼的苹果手机展示店里,脑子是恍惚的,不由自主地滑拨着暂停、慢速、加速的按键,仿佛循环往复的人流徘徊在从去年春天到今年夏天的纪录片里。2020年3月以前,中央车站里满是小咖啡馆、披萨摊头、小花铺和点心店的叫卖声,疾走的人们手里永远拿着生活。不赶路的时候,我会停下来,就为看看这样的人流,这样的纽约,这样热腾腾跳动的城市心脏。现在,所有的摊位都盖着布,椅子扣在桌上。多少老店和小店以疫情之名被剥夺、被摧灭,取而代之的是资本的巨头,是苹果、亚马逊、谷歌、脸书、推特、开市客(Costco)及其队友《纽约时报》、好莱坞、常青藤大学。资本与意识形态媾和,诞下巨无霸的独裁怪兽,它是超越政府的政府,是权力之上的权力,是无形的暴力,是凌驾于百姓之上的特权阶级的意志。它们罩下天罗地网,联手限定人们的生活方式乃至思想方式。在互联网的垄断自留地里,他们按自己的喜好屏蔽封号;在真实世界里,他们以自己的价值观决定着历史记录的去留。美国的言论自由和多元价值观,正在被某些利益集团以其自定义的"政治正确"之名霸凌。

6月的最后一周，纽约市公共艺术委员会正式通过决议，裁定移除他们认为涉嫌种族歧视的美国自然历史博物馆门前的前总统罗斯福像；当然，之前他们已经判定并执行了若干公共雕塑的死刑。美国疾控中心（CDC）声称全力投入新冠疫情的防控，但疫情蔓延至今它似乎更操心当下语言的"疾控"，8月发布"旨在人民身心健康平等的包容性语言使用的指导原则"，条款很多，包括建议避免使用有明显生理性别暗示的"他"（he）和"她"（she）；9月4日开学伊始，纽约哥伦比亚大学官网发布视频，教学生如何"正确"称呼"性少数群体"；《纽约时报》火速跟进，发表学者高论《语言课程如何超越性别二元论》，指出应用"他们"（they）作第三人称单数代词，因为可以涵盖"第三性"（non-binary，直译就是"非男女二分的性别"），并考证出早在莎士比亚时代就这么用了。9月24日，美国广播公司（ABC）报道捷蓝航空前一日发生的机上冲突，在指称没有透露性别的乘务员时，就用原本称第三人称复数所有格的"他们的"（their）来取代"他的"（his）或者"她的"（her）；吊诡的是，对肇事乘客却仍旧使用老用法"他"（he）。当然，早在5月，众议员科里·布什（Cori Bush）就在推特上示范用"生育者"（birthing people）取代"母亲"（mother）一词，同一阵营的一个基金会马上复议："我们用性别中立的语言来谈论怀孕，因为不仅是生理女性可以怀孕并生育，'每个身体'都有生育自由。"众声喧哗，却都以真理的名义。

公共雕塑是一座城市文化记忆的历史积淀，自然语言是社会性的约定俗成，不是不能讨论与更新，也不是不能批评甚至批判，但面对历史遗产和社会现实的态度及做法，往往能反映出一个社会的公共生活是否人道、理性、公允；而判断标准其实并非高头讲章，某个阶级的喜好也并没有天赋的特权可以凌驾于百姓的常识、常情、常理之上。"破除一切旧思想、旧文化、旧风俗、旧习惯"——这个夏天，纽约每一天都不缺一惊一乍的新闻，总能让我下意识地想起很多鬼压床的旧闻。

纽约长夏，我栏杆拍遍的怅惘，比夏更长。

生命流转，鬼魅缠绵。曼哈顿麦迪逊广场公园的草地上，5月里兀自竖立着 49 棵高达十多米的雪松——准确地说，是从因海平面上升海水浸泡而导致的新泽西州松树荒原（New Jersey Pine Barrens）移植的垂死的雪松。这个庞大的尸体矩阵是景观艺术家林樱（Maya Lin）的短期装置艺术《鬼魅丛林》（*ghost forest*），会一直展示到 11 月。林樱 21 岁时就以设计美国越战纪念碑而博得大名，"悼亡"是其擅长的主题。这个作品因疫情延迟一年才施工发布，我猜她也许会有很多新的感触和阐释，尤其年初她还遭遇了结婚 25 年的丈夫心脏病突发离世。但她在接受 CNN 采访时，淡定表达的仍旧是"创作基于科学的艺术作品，强调通过保护和恢复栖息地，减少碳排放，保护物种"。

老实说，这种"冷静的客观"与我面对这片幽林时内心的悸动，很是违和。严冬过后，有的生命返青，有的不再回来。重返公园的人们仰躺坐卧，小乐队奏着《夏日最后一朵玫瑰》。市中心浓荫熙攘、声色犬马，这些树也有过丰盈的一生，也有过和倚靠着它们的男女一样鲜活的血肉。"死亡及其记忆"，是恒久的艺术主题，也是切肤的生命经验，49棵亡灵于我的第一反应就是"做七"："人之初生，以七日为腊，一腊而一魄成，故人生四十九日而七魄全；死以七日为忌，一忌而一魄散，故人死四十九日而七魄散。"林樱是林徽因的侄女，但她是土生土长的美国人，对于为什么会选49这个数字，没有给出她的讲法，想必也不会和中国人的生死观相关。她聪明的选题和执拗的发言，是非常美国、非常当下、非常精英主义、非常政治正确的。

前总统奥巴马8月4日六十大寿，受邀的400位明星名流坐着私人飞机和直升机，抵达玛莎葡萄园岛的海边豪宅。打18洞高尔夫球、品香槟，通宵达旦，"照旧跳舞"！真是白日见了鬼——这同一批人，在电视上、演讲台上疾呼德尔塔变异病例激增，要人们戴回口罩，不要聚会；也是他们，抓紧麦克风，持续为全社会设定崇高议题，用"紧迫""危机""末日"等语汇来讨论所谓"全球变暖""疫情传播"，当然还有"种族平等""性别宽容"和"恐怖主义"。他们似乎比普通人更担忧人类的未来，

▲ 2021 年 6 月 17 日，曼哈顿麦迪逊广场公园，阳光照在 49 棵垂死的雪松上。这是景观艺术家林璎的短期艺术装置作品《鬼魅丛林》。

但他们貌似爱人类的眼睛里很少有具体的人。

鬼其实并不恐怖，恐怖的是人被鬼迷了心窍。人性极恶，并不是以恶行恶，而是以善的名义行恶。恶一旦罩上了某种善的神圣光环，行恶者就会理直气壮、肆无忌惮。

只要太阳还在

7月6日，第五大道东42街的纽约公共图书馆主馆重开。通知在官网上闪动，我一下子从电脑桌旁跳起来。我的天啊，从去年3月14日闭馆，16个月了，天终于亮啦！苏世民大厦（Stephen A. Schwarzman Building）前的石头雄狮总算脱掉了巨型蓝色口罩，但"黑人的命也是命"的口号还赫然插在告示栏的中央。脸热心跳，重回玫瑰厅，打开从库房里调出的1926年版禄是遒（Henri Doré）编撰的《中国迷信研究》，"天地三界十方万灵真宰"终于重见天日，恍然如梦。

当然，天上人间各不同，神灵保佑，读者还是不论打过疫苗与否，都必须全程戴口罩。十点进去，六点出来，一天下来，已然头昏脑涨，恍恍不醒，但心中是欢喜的。正午时候出来，在紧邻图书馆的布莱恩特公园，随手拉过一把绿色铁条椅，吃个三明治、喝杯咖啡；高台上有公益钢琴演奏，草地上有美人调笑孩童嬉闹。忆苦思甜，这才是阳光灿烂的日子！

▲ 2021 年 8 月 13 日，布莱恩特公园的午间钢琴音乐会。每年 5 月到 10 月，该公园每天都会组织 2 个小时的室外午间公益演奏会。这一天是钢琴家西马斯（Luiz Simas）在演奏美国和巴西的爵士钢琴曲。这项颇受周边写字楼员工和附近老人家欢迎的活动，因疫情中断一年后恢复，但设置了围栏，以保障观众和演奏家之间所谓的"社交距离"。

博物馆进入了疫情常态化模式，官网都开通了预约系统，有些已经开始急着招揽流失的客源了。美国唯一国家性质的设计博物馆库珀·休伊特 - 史密森（Cooper Hewitt Smithsonian）设计博物馆就承诺免费到 10 月底。7 月里，富丽沉稳的卡内基大厦一楼，排满了小清新小俏皮的街头时装模特，是 20 世纪七八十年代风行一时的设计师史密斯（Willi Smith）的成衣展，很随性很日常；二楼是美国传奇时装品牌丽莉·普利策（Lilly Pulitzer）的图案设计师祖泽克（Suzie Zuzek）的布料原图展，绚烂热烈的水彩洋溢着佛罗里达棕榈滩的气息。按照策展的常规，更有视觉冲击力的一般会在一楼；后来我发现，一楼展出的史密斯是黑人，二楼的祖泽克是白人，当然，也可能是我想多了。不过，谁都看得出，今夏被各大博物馆摆在门面上的，几乎全是有色人种的艺术家。

　　摩根博物馆今夏隆重推出的特展是巴基斯坦裔美国画家西坎德（Shahazia Sikander）的《非凡的现实》，她工笔画的基本功和嫁接东西方文化意象的能力一流，但后期的作品戾气汹汹，也许她太急于为政治发声了。虽然我理解这在纽约是出名的最快法门，但我看了一眼就后悔到想要离开了。然而，侧室里比别纳（Bibiena）家族三代绘图师的舞台设计却让我久久驻足，一尺见方的图纸上是纵横交错的街巷、高耸到阳光的廊柱和阳光下蓬勃气盛的人潮。从 1680 年代开始的一个世纪里，这些蓝图被用于整个欧洲大陆的歌剧、节日和宫廷，从比别纳的家乡意大利，到里斯本、斯德哥尔摩、维也纳、布拉格和圣彼得堡，其前所未有的多维性和丰富的动感，营造出巴洛克宫殿般复杂的空间想象。这是文艺复兴之后的欧洲，恢弘、壮阔，有无限喷涌的激情，有祭献给无上崇高者的艺术与生活。

君生我未生。我们可能也正在一个大时代里，却不是这样一个有大师和大作品的大时代。在政党斗争、意识形态博弈和经济利益追逐的疯狂里，人类相互残杀，偏离了人的道路、真理、生命和灵性。

《纽约时报·风尚杂志》以这座城市时髦调性的定音者自居，6月号刊出评论文章，夸赞大都会博物馆的康托（Cantor）屋顶花园上的装置艺术作品《只要太阳还在》（*As long as sun lasts*），认为在委内瑞拉度过童年的艺术家亚历克斯·达·科尔特（Alex Da Corte）"创作了有趣且疗愈性的作品，希望能缓解现代生活的'精致之痛'"。这个8米高的作品脱胎于"芝麻街"中的那只黄色大鸟，貌似萌萌哒地坐在被亚历山大·考尔德（Alexander Calder）动态雕塑的赝品挑起的新月上，引得各路艺术评论异口同声，"它孤独得就像过去一年被迫独处的我们"。我不禁哑然，这些乐得"在家工作"的评论家们怕真是"精致的利己主义者"吧？疫情跨年，更多的底层恐怕还得继续"被迫不独处"，如此惨痛，居然"精致"，岂不是"何不食肉糜"的轻佻？《只要太

阳还在》其实是个不祥的名字，来自卡尔维诺的小说，讲述的是出于对太阳存续时限的担忧，而在宇宙中寻找新的行星家园的星际旅行者的奇遇。现实，末世，有盼望，更有忧惧，就像 1985 年的电影《跟着那只鸟》中被滑稽的马戏团老板绑架并被涂成蓝色的大鸟，被迫唱着那首《我好忧郁》的歌。

9 月 13 日，纽约超过 100 万学生开学，这是去年 3 月公立中小学网课后，学生们首次返回课堂。邻居黛安娜是中学老师，傍晚路遇，她哭笑不得："我们老师 27 日之前必须打第一针，要不第二天就停发工资；就算愿意天天去做核酸也不行。今天八点，学生和家长都堵在校门口，在手机上填写新冠筛查表，网站崩溃了；学生们久别重逢，都抱作一团，根本无法保持社交距离；还有你们华人，有的老人家担心其他族裔的家庭不打疫苗，不愿孙辈来，我们还要登记，教育局和儿童福利局还要去家访是否有虐待行为……简直就是《末日求生》（*Surviving the Aftermath*，一款电子游戏）真人秀！"

大学倒是风景这边独好。9 月 8 日开学前一天，哥伦比亚大学大门敞开，任何人都可以随便进校园，草地上路沿上楼梯上人满为患，恨不能有三分之一的中国面孔（很容易辨识，都有家长陪同）。哥大的疫苗接种率已经超过99%，未接种疫苗者每周"必须"做一次核酸检测，还有进入室内专用的"绿色通行证"应用程序。9月13日至19日这一周，发现50例阳性，学校宣布处于"低风险黄色状态"（比最低风险绿色状态高一级），还是照旧开门，照旧上课，大家一副有章可循、遇事不慌的样子。

8月底，美国从阿富汗撤军，又引发一波或丢盔弃甲或弃暗投明的论战；民主党、共和党唇枪舌剑，媒体上一片焦土。很快，9月11日到了，气氛肃穆起来。斯蒂芬有个铁哥们叫查克（Chuck，Charles的昵称），二十年前的这一天并不当班，上午9时许，在布鲁克林—皇后高速公路（BQE）上，查克听到电台播报世贸大楼被撞失火，随即驾车找到最近的5号消防队（Rescue 5th），路上给斯蒂芬打了个电话："哥儿们，我去了哈。"一辆定额5人的消防车里挤上了13个人，里面好几位和查克一样，本不在5号消防队的编制里。这辆车拉着响笛奔驰过隧道，扑向火海。然后，就再也没有这13个人的消息了。斯蒂芬第二天去找，浓烟滚滚，根本无法靠近。从那以后，他再也不去曼哈顿下城的伤心地，而他的壁炉上至今端放着查克穿着消防服的照片。

今年是"9·11"事件二十周年的大日子，早上8点半，电视上开始直播在双子塔旧址举行的纪念仪式，亲属代表轮流逐一读出近 3000 名遇难者的名字。斯蒂芬坐在沙发上盯着看，眼泪无声地在他的脸上流淌。电视上一位白发苍苍的女士念完有她儿子的名单后说，警察和消防员是伟大的，上帝保佑他们，上帝保佑美国。"你听听"，这个年过六旬的男人一上午说了唯一的一句话。"仗义每多屠狗辈，负心多是有钱人。"这位母亲冒"纽约"之大不韪，说了句"政治不正确"的心里话。且不说"上帝已死"，"黑人的命也是命"运动，矛头就是直指警察的，随着弗洛伊德事件在美国的发酵，2020 年抗议者要求减少给警察的拨款，纽约市议会最终批准 2021 年度给警方的拨款从 60 亿美元削减到 50 亿美元。去年还是必须被砸烂的"狗头"，今年就变成了被祭奠的"英雄"。政客们国内折腾、国外搅和，他们可曾顾念过这样献祭了亲生骨肉的母亲，从青丝到白头？

8 月 15 日，塔利班武装占领阿富汗首都喀布尔。随即，美国知名政治学者福山受邀在《经济学人》周刊上发表评论，认为阿富汗事件是美国霸权衰落的标志，但这种衰落的主要原因在美国内部。他说："对美国全球地位构成最大威胁的是其国内形势，美国社会呈现出严重的两极分化，几乎在所有议题上都难以达成共识。在通常情况下，一个严重的外部威胁，如全球疫情，应该成为团结民众共同奋斗的机会。但新冠危机却加深了美国社会的裂痕，保持社交距离、佩戴口罩以及现在的接种疫苗都不再被视为是单纯的公共卫生措施，而是划分不同群体的政治标识。"疫情当然不是单纯的公共卫生事件，各国的各种势力都在榨取它的剩余价值，福山教授身为美国学者的理论推演与我作为外国平民的日常观察，有着惊人的呼应。

"绝望之于虚妄，正与希望相同。"福山不是鲁迅，但他显然怀有与鲁迅一样绝望的希望，他期盼美国"与志同道合的国家一起维持一个有利于民主价值观的世界秩序"。毕竟，"无穷的远方，无数的人们，都和我有关"。

2020年4月，因疫情滞留的我，决意去时代广场这个所谓"世界的十字路口"探访。整个街区除执行封禁任务的国防警卫队员外，几乎空无一人。广场四周楼宇的广告牌上全部是美国疾病与防治中心的劝诫宣传标语，我感觉自己像个异物，站在被病毒夺走了同类的废弃星球。

2021年夏天，每次从42街靠近第七大道的地铁口出来，我都愿意多站一会儿，看看一日复一日回流着人类的时代广场。百老汇要恢复营业了，《狮子王》9月14日先行"荣耀回归"，这部1997年首演的王牌音乐剧，实际的演出时长已经超过了132年，但疫情就让它停滞了18个月。

2011年5月，新华社将北美总分社的办公室从皇后区搬到离时代广场三个街区之隔的一幢高楼的顶层，当年7月，就租赁了广场上最引人注目的一块液晶屏广告牌。疫情期间被迫短暂沉寂后，它早已红彤彤地回到了可口可乐和三星广告的上端。这块

◀ 2021年9月8日下午的时代广场。左边黄色的是《狮子王》的复出海报，中间的液晶广告屏幕从下往上依次是可口可乐、三星和新华屏媒。右边画面上燃烧着的教堂是《午夜弥撒》中的场景。国内和国际的旅游者还没有回流纽约，图片下方可以看到四处拉客的"超人"。

屏幕上滚动着中国各个旅游胜地的形象片，但因为疫情管控，持外国护照者目前并不能入境中国。

美国的旅游业也完全没有恢复元气，连"超人"都很受伤，最盼望和他合影的外国游客迟迟未见。白宫9月20日宣布，预计从11月初开始，才会解除对外国人进入美国的旅游禁令，且必须是完全接种疫苗者。

网飞（Netflix）公司租了特大的液晶屏，为9月24日上线的超自然恐怖流媒体电视剧《午夜弥撒》（*Midnight Mass*）造势，亮瞎人眼。世界末日、外星入侵、宗教救赎，这些重口味的恐怖片要素借着人心惶惶走向了隐喻的前台。

灾难成了不会被浪费的大生意，然而，物极必反。人类很多时候恐怕都太自作聪明了，真以为是万物（包括新冠病毒）的主宰，忘了人其实需要太阳，人只能栖息在大地之上。人类似乎忘了，在所有的偶然与失序背后，还有天意存焉。

2021年9月15日起稿于MU9588航班上

2021年9月29日定稿于上海维也纳国际酒店隔离中

要有多少耳朵，才能听见民众哭嚎？
要经历多少死亡，才明白生命逝去太多？
朋友啊！答案在风中飘荡，答案在风中飘荡。

——鲍勃·迪伦

答案在风中飘荡

2022 年 1—3 月

鲍勃·迪伦 1962 年首唱《答案在风中飘荡》，在纽约的民间音乐季刊《唱出来！》（*Sing Out!*）上谈创作体会："除了说答案还在风中飘，这首歌我没有太多可说的，书中、电影里、电视上、讨论组里都没有答案。哥们，答案在风中，在风中飘着呢。那帮时髦的家伙们要告诉我答案在哪里，我才不信呢。我还是说答案在风中，就像一张吹得停不下来的纸片，是会落下来……但唯一的问题是，当答案落下来的时候，人们任凭它飘走，没人去捡起来，……也就没有多少人可以看到，可以知道。我还是要说，罪大恶极的是那些看到错误且明明知道错了却转过头去佯装不知的人。我只有 21 岁，已经看过太多战争……你们这帮人早过了 21 岁，该更老练更有数了吧。"

我不知道当年的迪伦是不是在故意耍酷，但几乎可以肯定的是，60 年了，中国人说的一个甲子轮回的劫波都已渡过，而纽约人只怕是越来越没有答案了。

人人都是人人的反例

2021 年岁末，灰沉沉的天空咬着牙，较着劲。直到 2022 年

1月6日，狂风终于裹着暴雪，迅疾掩埋了随处丢弃的一次性口罩，落了片白茫茫大地真干净。劈头盖脸的，还有认识的人染上新冠变异毒株奥密克戎（Omicron）的消息。

承建商安德鲁2021年初染过德尔塔，以为天然免疫了，但这次又"中彩"，老婆孩子无一幸免，他告诉我就像感冒。罗琳是纽约第一代新冠病毒感染者，2020年3月上过呼吸机，早打好三针辉瑞疫苗，发微信告知我头痛失声，也懒得去测核酸了，自己吃了针对性的非处方药，新年饭局推迟一天。保罗的孙子布雷顿13岁，没打过疫苗，感染后喉咙痛到无法进食，医院拒绝接诊，在家里耗了两周，但密切照顾他的父母都没事儿。灯具商高迪是疫苗的积极宣传员，早早打好三针莫德纳，天天催太太去打，年底却失去味觉，确诊感染；夫人马上去做快速检测，结果抗原阳性，但两人都无大碍，这让高迪动摇了，"是不是疫苗对奥密克戎无效啊？那为什么还宣传让人去打呢？去库存吗？"理查德因为得过癌症又很胖，格外小心翼翼，打过强生，加强针也打得积极。12月里他领着粉刷匠们翻新好一座教堂的内外墙，19日礼拜天，应邀参加重开弥撒，人数控制在60人；神父周六核酸阴性，周一阳性，结果20人感染。理查德躲过了德尔塔却没躲过奥密克戎，立马引发哮喘，急诊打吊针，一走廊的人；里查德61岁的女友随即中招，不敢回家接触她85岁的老母亲。纽约的酒店查疫苗卡不查核酸，两人索性开了个房间，买来圣诞树装饰起来，从 12 月 23 日住到 31 日，"上帝保佑，搞得像度蜜月似的"。

除旧迎新的圣诞假期，熟人间调侃的问候语已然是"嘿，阳过了吗？"开始我还试图通过比对找出规律，但人人都是人人的反例。疫苗、核酸、抗原、免疫，美国疾病管制与预防中心（CDC）宣讲的科学概念，被一轮又一轮的真人真事打脸，有了如今无数版本的民间解释，答案在风中飘荡，纷纷扬扬得叫人晕眩。

街上的检测点三步一岗五步一哨，全部免费。但谁不明白疫情是门大生意呢？曼哈顿中央车站 42 街的出口，沿街 50 米内，整个冬天都挤着三家检测机构，法相庄严，寸土不让。

《纽约时报》报道，依据约翰霍普金斯大学的数据，1 月 10 日，美国新增感染人数超过 143 万，这是世界上自新冠流行以后

▶ 2022 年 2 月 4 日上午 9 点半。中央车站 42 街出口处停着由大都会运输署的敞篷观光巴士改装而成的快速核酸检测车。后面蓝色的顶篷是"快捷实验室"（Lab Q）的检测点，这是一家 2019 年创立的体检公司，在曼哈顿占位最多。在它后面透明半封闭的塑料帐篷，是一家小型检测公司。各类公司的检测点在市区争抢地盘，互不相让。

单个国家的最高每日统计数。疾病管制与预防中心缩短原先建议的 10 天居家自我隔离的期限为 5 天，因为疫情导致了劳工短缺。纽约市长白思豪过了元旦就到任期了，下台前签署了一系列防疫法令，特别是 12 月 27 日起，纽约市所有打工人必须证明打过一针疫苗，45 天内必须打第二针。没有什么"知情同意"之说，纽约人要想出门干活，必须先打疫苗。这当然是针对需要人手的现场工作，居家办公是轮不到查疫苗卡的。橱柜商里奇的女儿管着他爹的财务和样品，备孕中，不愿打疫苗，"我能解雇她？"里奇索性挂出歇业的牌子，老客户来才开门。

3 月 10 日，我去纽约公立研究图书馆调阅民国时期的北京档案，117 地图室的门上还贴着告示："缺人不开，若急需请至 121 方志室问询。"馆员倒是很帮忙，但毕竟不是他们熟悉的馆藏，等了两个多小时后，我才拿到 1926 年、1935 年和 1939 年的北京地图，在一名馆员的看护下细览。

星巴克在全美约有 9000 家门店，要求近 23 万名员工接种疫苗或戴口罩并每周接受检测，限定 2 月 9 日为最后期限，这也是美国职业安全与健康管理局（OSHA）规定的大雇主要求全面接种疫苗或每周检测的日期；1 月 14 日，美国最高法院否决了拜登总统针对员工人数超过 100 人的企业疫苗强制令，大法官们表示这一强制令超出了政府的权限；1 月 18 日，星巴克发出电邮备忘录，暂停对员工的疫苗要求，但这又与纽约市府的规矩不符，让纽约 300 多家门店无所适从。大都会运输署（MTA）从事巴士、地铁、轮渡和铁路营运的员工约 6 万人，三分之一都不愿打疫苗。新纽约州长霍楚（Kathy Hochul）去年底以强制令会加剧人手短缺为由，驳回了白思豪强制运输署人员打疫苗的请求，强调应对近 900 万人口的大都会的公交保障，疫苗政策不得不"适度拿捏"。耶鲁大学政治学和人类学教授斯科特（James Scott）的《弱者的武器》，主要想说，下属的日常抵抗表明他们并没有同意被统治；但他断没料到，在偷懒、装傻、暗中破坏、假装顺从之外，底层抵抗的方式里还有"不打政府强推的疫苗"吧？

哥伦比亚大学 1 月 8 日给在校学生群发邮件说，已经没有空房供核酸检测阳性的学生隔离。"我们觉得学生和家长要理解这一点是重要的，即需要和测试阳性的同屋密接。目前我们不再对现有的指导性意见做出改变，也不会关闭校园的更多空间和项目。"这"放弃治疗"的宣言，等于在直白地承认这一轮病毒变种的感染率之高、对青年群体的危害之微以及维持教学秩序之必须了。哥大进教学楼要刷校园卡了，美国大学竟然也竖起了电子围墙。哥大校园里，那些自愿闭门不出、自我隔离的中国留学生；或者让学生们坐在教室里看屏幕，自己在家用 Zoom 视频会议软件讲课的讲席教授；以及主持在线中美学者政策论坛，将疫情期间涉及亚裔的犯罪引导为"仇亚症"的"社会运动员型"系主任，我也确实认识若干。

奥密克戎，不轻不重、捉摸不定；纽约，各行其是，进退拉锯。如何评价这些纠结的做法及其背后的立场，恐怕见仁见智，标准答案只能是在风中飘。但比较肯定的是，这些放到台面上的相互抵牾，最后却避免了铁板一块，给众口难调的社会留出了各自存活的缝隙。哪怕是2020年致死率最高的病毒泛滥时，包括加油站、超市、药店等核心营生都开着门。像逮捕理发店"顶风"营业、电话监察在家隔离之类的强制民众居家的政策，由于执法难度太大或者成本太高，不是很快放弃就是不了了之。不论是主动的意愿还是被动的结果，权力制约权力，社会受到的冲击因此减弱，倒是给很多人留了条生路。

1月11日，零下8摄氏度。陪斯蒂芬去特殊外科医院（HSS）复查人工髋关节置换手术的恢复情况，不用提供核酸结果，只有手术当日的患者，医院才会先为其做检测。这家创建于1863年的骨科医院是美国骨科的鼻祖，至今仍是业界头牌，在病患中口碑无敌。所以被前台接待员怒喝，惊骇莫名："都站到挡板后面去！你，还有你，出去！不许陪护！"所谓挡板，是2020年至今的纽约一景。杂货店通常是拉扯一张透明塑料布，对于即使在纽约封城一百天里都开着门的业主来讲，这不过是一道心理屏障；而医院和图书馆用的多是有机玻璃板，质料更厚实，形状也要规整一些，但我无法排解的难受也更多一重——医院和图书馆原本是纽约最有人情味的地方，也是最应且最能以身作则去消解迷惑和误解的岗位。挡板这玩意儿对奥密克戎有没有用，专业医生和学者应该清楚或者应该去弄清楚；但现实却架在了人心上，人人以为戴上口罩，就可以视而不见。医院大楼外用蓝色塑料布搭了个简易帐篷，里面没有取暖设施，贴了"等候区"字样。东河边朔风凛凛，躲进去的还有一位陪妻子来初诊的老先生。我跺着双脚，半个小时后脚似乎消失了；老先生呆坐铝条长椅，一动不动。

无知、猜疑与恐惧，是疫情下的蛊。以抗疫之名，理性之真与人性之善，被打得丢盔弃甲。政府两年来一直通过主流媒体、公益组织和政府机构推广疫苗接种，向公民发放纾困金，然而，这些救命钱却被爆出被欺诈性地挪用或占用。从今年一月底开始，每个地址可以向政府免费申领两次共 4 盒新冠抗原检测试剂，三月份还可再度申请，全部通过美国邮政的头等包裹服务送达；但民间对疫苗效果、专家意见和防疫政策的质疑也不绝于耳，已经出版了不少纪实政论著作，其中最畅销的当推贝伦森（Alex Berenson）的《疫症》（*Pandemia*）。这位已被推特封号并被《纽约时报》解雇了的专注医药和金融欺诈的前调查记者，在书中指出："搞砸了全球新冠病毒大流行防控的，正是两面派的专家、渴望权力的官员和危言耸听的媒体。他们利用传染病这一危机，来实现对我们的身体、生活甚至我们被允许发表的言论的前所未有的控制。"这段话确实"锋利而切实",真真"是匕首,是投枪"!

"我不知道风,是在哪一个方向吹;我是在梦中,在梦的悲哀中心碎。"

承认这一点是残酷的

1月。去东54街公园路的仁爱(Renai)希腊餐厅赴宴,官网上引用着伊利亚特和奥德赛,约等于在曼哈顿中城的钢筋丛林里意淫一下诗和远方。前台要查验疫苗证明和有照片的身份证件,我从国际旅行健康码应用软件下载了中英文疫苗接种信息,前台三名女招待估计没见识过,看了半天,我说名字和生日与我的护照对得上就行了,她们也觉得是,就抄录在一个大本子上。客人和服务生大都是中年白人男性,衬衣西裤皮鞋,职场标准装,我点的大虾意面36美元。

这里跟以警察和消防员为代表性居民的史泰登岛很不一样。那天跟里奇去尼克意大利餐厅吃晚餐,里奇和女招待打情骂俏着落座,吃到一半,两个男人进来,店主一声口哨,几名客人立刻起身去了卫生间。里奇眨了下眼睛,"没事,环保局(DEP)查疫苗卡的",看我惊吓的样子,"没事,尼克的本子肯定早就记得满满的了"。这是去饭店?还是去面试?或者去搞地下党?

房地产商麦克很擅长在饭桌上谈生意，这个襁褓中随父母从德国逃亡到美国的犹太人，今年86岁，心脏搭过桥，非灭活疫苗有可能产生血栓副作用的新闻让他格外警惕，家族记忆让他对查验证件敏感到会有应激反应："去吃个饭要看身份证，去选举倒不看了，不是美国公民也可以投票选美国总统了。奇葩吧？不打疫苗的都好像成了贱人，博物馆进不去，现在连去个饭店也不行了。"对一位爱好收藏艺术品的美食家，这确实太折磨。

3月13日前，"博物馆一英里"上的几大博物馆都是这套操作，之后虽然不再要求疫苗卡，但还是必须全程戴口罩。我一周两天都要去大都会里面的沃森图书馆查书，疫情前人潮汹涌，常常要排一个小时的队进场；现在游客骤减，也要至少半小时。大门口黑压压多出来的保安和慌忙翻找两份证件的观众，在富丽典雅的哥特式门廊下，很显突兀。由于牵扯传染病与公共安全的议题，涉及疫苗的"身体自主权"的讨论更为微妙和复杂，但原本应起到普及教育、促进沟通、养育社区等文化功能的博物馆，却因为疫苗原因将很多非传染病感染者或持不同政见者挡在门外，无论如何是存在伦理悖论的。

古根海姆美术馆有抽象主义先驱画家康定斯基（Vasily Kandinsky, 1866—1944）的个展，我早就留意，但因为展期到9月，总想着稍空才去。结果2月24日普京宣布对乌克兰发动"特别军事行动"，一周里西方世界开始"抵制"与俄罗斯相关的艺术家和文化活动，纽约也迅速反应，3月3日大都会歌剧院解雇了首席女主角、俄罗斯女高音奈瑞贝科（Anna Netrebko），这名"大都会史上最伟大的歌唱家"20年里参演了200场演出。见势不妙，我立即上网，最早可预订的是3月5日，22美元一张。我也为康定斯基的狂热粉丝里拉先生订了一张，他刚好65岁，可以买长者票15美元。

在建筑行业摸爬滚打了30多年的里拉，1970年代在华盛顿大学读哲学系，留长发，办剧社，临摹过每一幅能看到的康定斯基的画，再配上诗歌感言，动手一针一线订成册子，"应该还在上州我度假屋里的什么地方，我太爱他的自由了！"5日下午，我排了好长时间才排到入口，不断让后面的人先进去，20分钟后，里拉才顶风而来，举着有他名字的小白卡，"长岛一路堵过来！那边波兰人社区仿的多，200美元，便宜下来了。我才不做小白鼠。钱可以再赚，命只有一条"。场馆里熙熙攘攘，最全藏家的地位绝非浪得虚名。徜徉其间，里拉先生掏心掏肺的讲解陪伴左右，这是怎样的享受，又是怎样的怅惘啊！康定斯基出生于莫斯科，求学并入籍过德国，又入籍并终老于法国；他和他的画作在第一和第二次世界大战中颠沛流离，而如花少年的成长则定格在敖德萨（Odessa），如今不再属于俄罗斯而是归为乌克兰的"黑海明珠"。那么，康定斯基是哪国人？属于哪种文明？他会被抵制吗？如果有灵，亲历过战争的他会怎样评说今天的世界？

答案在风中飘荡，奈何在风中飘荡？

2月27日，去第五大道42街的纽约公共图书馆总馆看建馆125周年珍藏展，唯一入选的中国文献是张择端《清明上河图》的明代摹本。在纽约戴着口罩，欣赏北宋开封摩肩接踵、活色生香的市井人间，恍然若梦。出门走到时代广场，所谓"世界的十字路口"，"后疫情时代"用力过猛的促销，竟生出些汴京商贸的穿越感来。直到撞见二三十人，举着牌子站成一列，走近看，上面写着"我是俄罗斯人，我反战""停止侵略""不要战争"等；还有一个亚裔面孔的男青年，举着英文和中文繁体字手写的牌子"欧罗巴的孤儿"。现场有举着黄蓝两色乌克兰国旗的，有举着美国星条旗的，还有一位披着白红两色的波兰国旗。并不是所有人都表情凝重，但都很配合路人拍视频和照相，不少人不管是自拍还是被拍都搔首弄姿。看得出摄影师和摄像师里有专业人士，设备级别在那里，队形和口号也多番整合。旁边的咖啡散座坐满了人，陷落在艳光四射的液晶广告牌的深谷里。人偶们哄着游客照相，蝙蝠侠和超人左拥右抱。人们汇集到纽约，各有各忙。

鲁斯兰（Ruslan）2月底以来情绪很有些压抑，他来自1991年苏联解体后独立的哈萨克斯坦，平日里哈萨克语说得少，俄语倒是常说，毕竟俄语是布鲁克林羊首湾（Sheephead Bay）这个前苏联移民聚居区的"普通话"。战争爆发后，他和生意伙伴马尔钦（Marcin）通过一次电话。马尔钦是波兰裔，在电话中怒斥

俄罗斯"侵略成性，杀人如麻，你当然知道卡廷惨案，对不对？"鲁斯兰因为岳母住在乌克兰东部地区的顿巴斯，就回应说："之前8年一直被乌克兰政府军狂轰滥炸，左邻右舍就没有全家齐整的，现在基辅总算知道炮弹不是玩具枪了吧？"结果两人就吵翻了。"打来打去死的都是自家人，我讨厌战争。我只是不明白，美国打伊拉克，北约打利比亚，其实都是先行打击未来最危险的威胁，为什么就不是侵略了呢？美国人那时候怎么不反战呢？"

其实，承认这一点是残酷的：所有这些战争，都笼罩在"9·11"梦魇的阴影里。纽约去年在下城的世界贸易中心原址举办了二十周年悼念仪式，在怀念故去的亲友和赞美救援英雄的同时，美国主流媒体却完全没有勇气去揭示"9·11"的本质，即世界在恐怖战争的威胁下，失去了具有国际基本共识的维和机制。

世界领导力体现在你有能力制止战争而不是相反。"火炮要射多少发，才会永远禁用它？要经历多少死亡，才明白生命逝去已太多啊？朋友！答案在风中飘荡，答案在风中飘荡。"

◀ 2022年2月27日下午3点半，纽约时代广场。兰蔻巨幅广告牌下是纽约警察局的岗亭，星条旗前面聚集的人群正在抗议俄罗斯对乌克兰采取的"特别军事行动"。

红旗漫卷西风

鲁斯兰开始叮嘱 6 岁和 9 岁的两个女儿，不要和别人提起外婆。她们在离家很近的一家芭蕾舞学校上兴趣班，之前叫"俄罗斯芭蕾舞学校"，开战后连夜粉刷成了"国际芭蕾舞学校"，校长夫妇一个是俄罗斯人，一个是乌克兰人。鲁斯兰很委屈："两个国家不分彼此，大多是亲戚啊。"媒体上一片反战声，市区里蓝黄两色变成了流行色。史泰登岛上也有一个俄裔小社区，我常去买荞麦黑面包的巴扎俄国超市门口，也插上了乌克兰国旗。"哎，真是一言难尽，美国人哪懂那么多？生意一下子淡了，我们是用脚投票移民来的，如今不被砸就好。"负责切面包的中年师傅来纽约前是莫斯科一家国营医院的外科医生，纽约医师资格申请程序的严格和专业语言的障碍，让他放弃了再拿手术刀的念想，"你们中国人懂的"。我接过面包，像同志间一次触及灵魂的握手。

乔治·华盛顿大学政治与价值观项目主任塞缪尔·戈德曼（Samuel Goldman）在接受"美国之音"电台采访时说："最宽厚的解释是，人们对俄国政府过去一个月的行为感到愤怒并且付诸行动。不那么宽厚的解释是，他们处于一种道德狂热（moral frenzy），不能区分俄国政府的行动和俄国文化、俄国人。虽然是好心，但我不认为会成功，这和击退俄罗斯对乌克兰入侵的目标没有关系。"开战意外延续一月后，更多俄罗斯艺术家在西方遭到封禁，我甚至下意识地联想到 1942 年珍珠港事件后，美国政府像一战期间对待德裔侨民一样，把美国本土的 12 万日裔美国人关进了集中营，其中超过六成是入了籍的二代移民；而二战的欧洲战场上令敌军闻风丧胆的美国陆军 442 步兵团尤其是"紫星营"100 营却是清一色的日裔。

比起种族偏见和战争恐惧，"道德狂热"戴起白手套，杀起人来甚至还有高贵的荣誉感。

2 月 13 日星期天，去麦克的合伙人克利夫家看超级杯橄榄球赛，他烧好意大利酱茄子，炸好鸡腿和薯条，约了左右邻居，还有高中时的哥们儿，据说一半的美国人都观看了比赛直播。中场广告音乐响起，在一边闲聊的女士也聚精会神起来。"哎哟，连我都熟，这曲目和演员，也太过时了吧？"年逾六旬的布莱尔性格直率，她在社区老牌纸媒做过二十多年的副刊编辑，直到十年前停刊。她给我介绍，阿姆（Eminem）、安德烈·杨格（Dr. Dre）、玛丽·布莱姬（Mary J. Blige）、史努比狗狗（Snoop Dog），"你就理解成是一场美国饶舌嘻哈名曲串烧吧"。克利夫从沙发躺椅上站起来，"我还是去给你们做点热狗吧。美国就只剩黑人歌手了？这是一场'黑人的命也是命'的政治会演吧？"

保罗退休前是消防员，"那不是还有我喜欢的阿姆吗？"汤姆顶他："阿姆，你看到没？这丫唱完《失去你自己》（*Lose*

Yourself）后，就单膝跪地了。"2016 年，球员卡佩尼克在赛前演奏国歌时用这个动作而不是站立右手抚胸，来抗议警察暴力对待黑人，当年国家美式足球联盟（NFL）没有支持他的这一做法，卡佩尼克就自主终止合同，离开了球队。

2020 年黑人弗洛伊德被白人警察跪压 8 分 46 秒致死事件后，"单膝下跪"变成了抗议标志性动作；当时的总统候选人拜登跪下了，80 岁的众议院议长佩洛西穿着橘色套装也跪了 8 分 46 秒；有人赞赏这是种族和解之跪，也有人批评这是为拉选票作秀。

汤姆是做金融结算的，我惊讶于他两米的身高。"我是杂种（mutt）哈，德国、爱尔兰、荷兰混血。美国就是个混血的国家，我百分之一万支持种族平等，但'黑人的命也是命'嘛，他们成立了全球联络基金会（MLMGN），2020 年一年就收到九千万美元捐款，却一直交不出年度财务报告。基金会资金流向非常混乱，创始人卡勒斯（Patrisse Cullors）在加州买了几套豪宅，却突然辞职了，机构没有领导人了。钱就是钱，你们懂的。"

黄先生是一名华裔图书馆员，儿子在布鲁克林技术高中读书，"我家也捐了不少，不捐孩子都不敢去学校，说政治不正确。但这还不是最可怕的"。这所高中是纽约市教育皇冠上的钻石，通过考试择优录取，一直受到自由派政治人物、学校领导批评，因为黑人和拉丁裔入学率低，被指"具有实质上的种族歧视和种族隔离"。该校黑人和拉丁裔占 15%，远低于纽约公立学校 63%

的平均数；而亚裔在该校占 61%。"如果学生要按照肤色比例而不是成绩高低录取，那教学质量还能保证吗？我们那么多的努力不都白费了吗？难道美国不再需要科学家？不再鼓励勤奋、成功的美国梦了吗？"

安德鲁是保罗的儿子，正好休假回家。他在亚利桑那州做边防警察，"美国梦？我想不通，拜登以后，偷渡不能抓，人家都大摇大摆地从墨西哥过来，咱得给他们办好文件，再送他们上飞机去想去的地方，纽约、迈阿密，还优先头等舱，直接就美国梦了。机场海关干脆撤了算了，查什么鸟签证？这边防真没啥好防的了！"

黛安娜是汤姆的太太，意大利裔美人，刚还在说两年都没用过口红了，3 月 7 日她教书的高中总算可以不戴口罩了，"你们注

▼纽约"博物馆一英里"的最北端是"非洲中心"，但除了有一家咖啡馆营业外，这里并没有常规的博物馆展示活动。2020 年 6 月起，死于警察暴力的黑人姓名被做成贴纸贴在了面向第五大道和东 110 街的窗户上，上面的大字标语是"黑人的命也是命"。2022 年 1 月 28 日，数以万计的纽约警察冒雪参加被黑人射杀的年轻同事莫拉（Wilbert Mora）在圣帕特里克教堂的葬礼，场面壮观，主流媒体几无报道。

意没？球场有 7 万人吧？似乎没几个人戴口罩。这在加州不是违法吗？"大家都看向维尼，他和克利夫是发小，法雷尔主教男子中学时的橄榄球队友，后来在纽约的亨特学院读本科，再到哈佛大学医学院硕博连读，现在有了自己的病毒实验室。"口罩像你们这些布的纸的，完全没用，但怎么可能要求每个老百姓都长时间严格佩戴 N95 呢？医生都明白，但我们能公开说吗？媒体傻吗？我看是别有用心。精英阶层多少是废了。中产和下一代已经成了温室里的花朵，没有野性，没有独立判断和社会担当，他们把驯养当成教养，把煽情的自虐看成利他的自律，甚至用所谓的高尚道德绑架了所有人。纽约被这帮精致的利己主义者垄断了，没希望了。"

里拉从长沙发上一跃而起，和维尼击掌："我不能同意更多！美国现在很危险，我给你们背一段大学时教授让我们背诵的名言啊：'令人难以置信的是，一个民族一旦成为臣民，就会立即完全忘记自己的自由，以至于几乎无法被唤醒到重新获得自由的地步。他们那样轻易自愿地臣服，好像他们不是丢掉了自由，而是赢得了奴役。'"这些话物理性地撞向我，"你怎么会不知道拉·波埃西（La Boetie）？法国政治哲学家蒙田总知道吧？是他哥们"。市立图书馆可以下载 1576 年的法语电子版《论自愿为奴》，我看不懂，借来了 1975 年的英译纸本。"在犯罪之前，哪怕最令人反感的罪行，他们总要先来一番动听的言论，内容关于整体利益、公共秩序，还有穷人的救济。你们都清楚地知道他们使用的言论，千篇一律，言而无信。"伟大的先哲啊！战争、疫情、选举、运动，太阳底下何来新事？

纽约不是美国，但没有了纽约也就无所谓美国。没想到超级碗中场秀，变成了美国现实的超级批判。美国怎么了？连纽约人也搞不明白了。答案飘在风中，恨意堵在心口。我看着窗外积雪的松林，不知能对他们说些什么。

"横笛和愁听，斜枝倚病看。朔风如解意，容易莫摧残。"

2021年的最后一天，我去莫拉维亚墓园（Moravian Cemetery）祭拜老房东海伦。2020年3月新冠疫情暴发后，由于殡葬业不属于纽约市府认定的核心工作而被要求停工，很多家庭都没办法给亡故的亲友举办追思会和葬礼，甚至没能让亡者入土为安。2021年6月恢复营业后，赶工仍赶不上需求，2020年9月过世的海伦，名字直到2021年11月才刻上墓碑。我带着一棵泛着蓝绿光泽的杜松，种在了她的墓前，感谢她以天主教徒的慈爱给了我四年的悦纳。这是我第一次在圣诞节期间去墓园，举目望去，成片的精心装饰的圣诞墓毯（grave blanket），在冷风里绽放着生迹——死亡并不是分离。始建于1740年的这座莫拉维亚兄弟会新教墓园，是纽约最大最古老的意大利裔天主教徒安息地之一；缘起是20世纪初，主理神父力排众议，收留了因违背教义而被天主教墓园拒绝接收的纽约黑帮黑手党人的大批尸骨。墓碑一直都是不可移易的活着的见证，人性曾经可以如此宽厚绵长。

曼哈顿东北角的东哈莱姆是个贫困社区，居民以西班牙语裔为主，墙画很出名。2017年至今，每到纽约，我都必去回访。东111街上的第一西班牙联合卫理会教堂是个"红色革命圣地"，1969年到1973年，青年主人党（Young Lords）数次占领教堂作为运动指挥部，主张暴力革命和波多黎各民族自决，把教堂改名为"人民教堂"。这个冬天，教堂正墙上挂着抗议2019年底发生在这个街口的枪击案的海报，侧墙涂上了色块简单的新墙画"团结就是力量"，对街是表现力极强的老墙画，仿"帕尔尼克"的《致敬毕加索》，中间隔着政府的疫苗接种车和七零八落的垃圾桶，而教堂则大门紧闭。

我继续步行到115街上的卡梅尔山圣母教堂。1884年从贫苦的意大利南部逃难而来的男男女女在白天忙完生计后，在夜间举家出动，一砖一瓦凭人工建起了这座教堂，还凑出一百美金买下卡梅尔山圣母塑像替代了从家乡带来的纸神。神像身上披挂着的信众奉献的绣花衣裳，墙上"请不要在神像身上写字"的字条，都在提示此处信众的草根性。卡梅尔山圣母教堂提供拉丁语、波兰语、西班牙语和英语四种语言的弥撒服务；拉丁弥撒如今很罕见，是梵蒂冈当代"礼仪之争"的焦点，历史背景复杂，但足见卡梅尔山的保守与传统。1月23日周日，波兰语这场弥

▲ 2022 年 1 月 23 日下午 2 时，曼哈顿东 111 街和莱克星顿大道路口。左边是"人民教堂"，右边可见 2004 年绘制的揭露东哈莱姆社区暴力、贫穷的墙画《致敬毕加索》。中间蓝色车辆是纽约市政府设立的流动新冠疫苗注射点，前面竖着的海报上画着注射疫苗后贴着创可贴的自由女神像，写着"免费、无需预约"等字样。

撒人不多，管风琴声伴着女高音给我真切的在场感，神父讲道说："相信基督的死是救恩的人，都是神选之子；不论贫富，都是救恩的一部分。手并不比足更高贵，手足相连才成为人，这是我们应有的人观。疫情中的每个人都是教堂、城市和国家的一部分。"谁迷信？谁革命？谁为了人民？我默默坐在教堂，哪里才能找到答案？

阿方斯修车行的一角是他的小办公室，我很好奇墙上三角形镜框里的星条旗，他告诉我那是他父亲葬礼时盖在棺木上的。退役军人去世，亲属填表告知退伍军人协会，政府都会寄来国旗纪念。他的父辈大多参加过二战和朝鲜战争，"叔叔伯伯大概十多位是有的"。当年摇号，一个街坊一个街坊的男人抽签上战场，"这个国家的自由是老百姓的儿子们拿命换来的"。他穿着卡哈特（Carbatt）工装，说是最后一件，因为做警察的儿子打电话来，告知该公司在拜登的疫苗令被最高法院否决后仍坚持解雇不打疫苗的员工。卡哈特工装因为牢固耐磨，主要消费者都是牧场主、农民和工人等体力劳动者，这些人开始用拒买来抵制它，"不能吃着我们还要做我们的主"。车行里的修车工马可（Marco）是位老伙计，洪都拉斯裔，因为不打疫苗就不能去督战儿子中学的棒球赛，就去打了一针辉瑞，结果手臂上出现了大片血疹，瘙痒不止几个月。儿子的教练对着学生们喊："政府不全是对的，不能因为别人错误的决定而伤害到自己。疫苗卡不是有卖的吗？"1

月，有人来车行闹过，要求工人们戴口罩，阿方斯冲过去指着他的鼻子："我的规矩，我定规矩（My tool, My rule），你小子给我滚！"直肠子的他，总让我想起《1984》里的话："所谓自由就是可以说二加二等于四的自由。承认这一点，其他一切就迎刃而解。"

2022 年 3 月 17 日，曼哈顿，风笛和鼓声穿透阴云。停办两年后，15 万人的游行队伍，200 万的围观群众，全世界历史最长、规模最大的圣帕特里克节游行重回第五大道，浩浩又荡荡。我从 44 街起，随着人流，一路跑跑停停，直到 79 街。人人用爱尔兰的标记性绿色扮靓自己，各个天主教社区扛出自己的圣像，天主教会中学派出了齐整整的鼓乐仪仗，警察、军队、国民卫队在星条旗下昂首挺胸。风很大，雨很大，游行队伍仍稳健向前，围观人潮大声尖叫着，鼓掌、喝彩、拍照。人是需要社会的，无论多大的风雨抑或有传言中尚未远走的疫情——三年，长到足可

▼ 2022 年 3 月 17 日，曼哈顿第五大道，圣帕特里克节游行。上图为在麦迪逊大道候场的西班牙裔社区风笛表演队，中图为行进到东 44 街的爱尔兰裔鼓乐风笛队伍，下图是东 55 街上热情的围观青年。

以认清很多人和事，人们终于在神圣的名义下再次集结，为了重新夺回生活。

"于天上看见深渊，于一切眼中看见无所有，于无所希望中得救。"

这就是回答。

2022 年 3 月 31 日起稿于美国加州帕罗奥多准备行前核酸检查时
2022 年 4 月 16 日定稿于上海维也纳国际酒店隔离中

补记

这里且记下 2022 年 4 月的回国之旅。

元旦之后每天刷票，纽约至上海唯一直飞航线是东方航空，只售头等舱，89000 元，都是无票状态。2 月 10 日被迫放弃，投奔美国联合航空公司，最早只能买到 4 月 2 日旧金山飞上海的航班，就剩最后一张经济舱，6653 美元，这几乎是我三个月工资的总和，但我后半学期的三门课程开课在即，不得不飞。520 美金再买美联航，3 月 26 日凌晨，纽约飞旧金山，登机无需核酸文件。落地直奔圣何塞（San Jose）。按照中国领馆规定，起飞前要提前七天到这一指定核酸检测机构做第一次核酸检测，棉签捅了两侧鼻孔，付费 185 美金。为节省旅店费，抱椒借住帕罗奥多友人家中，省下最少 2000 美金。3 月 31 日提前两天再去做两种不同方式的核酸检测，两侧鼻孔各捅了两次，花费 368.5 美金。全部阴性后，上网提交领馆要求的至少九份文件，包括：三次核酸检测结果、登机前七天的自我健康检测表、旅美旅居史申明、机票凭证、疫苗接种声明书、疫苗接种证明、赴美签证和入境美国登记表等，完成国际旅行健康码即所谓"绿码"申请。4 月 1 日获得绿码，再按要求中午 12 点后到检测机构做一次抗原测试，花费 50 美金。旧金山的住处离指定检测机构有三刻钟车程，没有公共交通，租车费用共 480 美金，另付小费 40 美金。4

318

月2日，在手机上申领好回国必需的"海关码"，乘 UA857 旧金山经韩国首尔技术经停到上海。所谓"技术经停"就是枯坐在机舱里近 2 小时，等待乘务组换班，这是美联航针对中国防疫隔离要求的应对措施。新乘务组值机首尔至上海段。等到降落浦东机场，需要通过多重检测关卡，工作人员都穿着防护服。时值浦西封控第二天，闭环送至隔离酒店，从浦东到浦西一路空无一人。隔离时限为 14 天，只订了早午两餐，缴费 7630 元，期间四次核酸，每次都是鼻腔加喉部取样。4 月 17 日解除隔离，闭环运送到小区门口，四望无人，快递堆积。进门看见女儿，正埋头团购食物。

鸿雁于飞，肃肃其羽。

2022 年 5 月 1 日记于上海家中

任何地方都不比另一个地方拥有，更多的天空。

——辛波斯卡

没有人过着只属于自己的生活

2022 年 10 月—2023 年 1 月

2022 年 9 月 19 日，乘东航直飞纽约。机上供应 4 次餐食，是热的。2021 年 9 月回国，16 个小时的航程，东航给乘客发了一个塑料袋，里面是两个小面包、两小包饼干、一杯酸奶、一个水果杯和三小瓶矿泉水。那次乘务员全程穿着白色防护服，戴着 N95 口罩、眼罩、手套和脚套。这次倒是正常乘务服，只加戴了蓝色的外科口罩，但落地纽约前，又全部戴上眼罩，换了 N95。我问一名姓包的男乘务员，说是回程穿上"大白"的话，女生来例假会非常困难，所以这条航线目前多是男乘务。"下了飞机我倒是愿意穿'大白'，但肯尼迪机场没有别的航司那么穿，公司现在也不要求了。但万一染上，就会牵扯一大片。我飞几条航线，涉及十个城市，您说要多少密接、次密接，该有多少人隔离哦。"

　　下了飞机，发现在非美国公民和非绿卡持有者验证的海关一侧，已经人潮如海，和 2020 年底抵达时仅我一人，好像两个世界。等候大厅的横梁上，标语一拉到底："现在是纽约欢迎所有人的时候了！"

"全世界的人都回来了，纽约才是纽约"

路过曼哈顿下城卡茨（Katz's）熟食店，门口魁梧的黑人小哥在发号码牌，看着只有十几个人在等。没想到进去一看，七八个切肉师傅的前面还排着七八个客人，更没想到熏牛肉三明治一年半工夫涨价到 25 美元。"汽油涨价了，啥都得涨不是？我倒是想退回疫情的时候呢，做外卖，没人吵。现在每天百十号人冲着你喊，要这个肉要那个肉，耳朵都要聋了。"切肉的哈比半嗔半笑，我立马塞小费。好不容易等到个座位挤进去，紧贴着的两个中年男人嚼着矮胖的酸黄瓜，德语英语花搭着说着各自的女儿：一个读朱莉亚（Juilliard）音乐学校，校方还是建议戴口罩，她于是买了一堆与黑色演出服配套的黑口罩；一个在贝尔维尤（Bellevue）医院实习，近两年病人多到让她要发狂，那是个相当于上海宛平南路 600 号的地方。这些真是抱怨吗？不知道。但百年小店里的各唱各调，歌词大意却大抵一致：拉拉扯扯着，纽约缓了过来。

11 月 6 日九点，第 51 届纽约马拉松鸣枪开跑。这项世界马拉松大满贯赛事，从参赛人数上讲是规模最大的，自 1970 年创立以来，一年一届，仅 2012 年因桑迪飓风袭击东海岸以及 2020 年因新冠疫情被取消。其实 2021 年也不正常，因疫情管控，实际参赛人数只有一半。今年终于满负荷运转，报名火爆，最终有

5万人幸运地通过抽签获得了资格。一大早，人流就在韦拉扎诺海峡大桥（Verrazzano Narrows Bridge）史泰登岛一侧结集，警车压阵，各种肤色的潮水向桥头涌去，间或浮出几只或蓝或白的口罩。"后新冠"世代的人们会理解马拉松历史上的这一奇特景观吗？

我想爬上混凝土路障从高处拍张照，警察走过来，我吓了一跳。"我扶你上！人多带劲吧？全世界的人都回来了，纽约才是纽约嘛！"他叫穆罕默德，盾牌号 12568，埃及裔。今年的参赛者国籍超过 125 个，男女公开组冠军都是肯尼亚人，其实本世纪以来，几乎都是非洲选手夺冠；而男女轮椅组，获胜者几乎都是欧美国籍。美意法英德，仍旧是参赛人数最多的。全世界三分之二的国家重回纽约赛道，就不难看出奔跑的意义并不能被简单化约。人类是个复数，并非人人都有跑出去的自由。这个世界绝对不是平的，在纽约"恢复"了的"正常"里，还是能察觉到世界的病痛与伤疤。

这些年的惠特尼美国艺术博物馆也是个让人容易受伤的地界，特别是 2019 年后，艺术与政治之间腥气暧昧，"政治挂帅"到"拿肉麻当有趣"。所以，看到 10 月开始有《爱德华·霍珀的纽约》这样严肃的特展，是颇感意外的。不知道是疫情好转还是霍珀的魅力，展馆里人满为患，展品数量惊人，画稿、信函、速写俱在，策展显然用了心（看来惠特尼不是不会正常工作）。霍

▲ 2022 年 11 月 6 日，第 51 届纽约马拉松赛恢复满负荷开赛，5 万参与者从韦拉扎诺海峡大桥史泰登岛一侧进入赛道，入场前仍可见少量选手戴着口罩。

珀在纽约生活了将近 60 年（1908—1967），纽约是他"最了解也最喜爱的美国城市"。当时的纽约高歌猛进，大兴土木，1930 年开建"世界第一高楼"帝国大厦。1930 年代，多元化移民剧增，人口超过 1000 万，成为世界上第一座特大城市。

然而，霍珀的纽约，只是些偏僻的街角、暗夜的橱窗、空寂的马路和人的虚空一刻，与其说画的是静态地景，不如说是某种情绪暗示。他为什么对这座城市的寂寥有持久的痴迷？对喧嚣背后的散场如此情有独钟呢？"如果你可以用文字说出来，就没有理由去画它了。"纽约这几年让人一言难尽，人群聚集在他的旧画前，看到的却是镜中今天的自己。疫情三年，往返于纽约和上海之间，再看霍珀，是从未有过的似曾相识。"道是无晴胜有晴"，霍珀是给纽约看过相的。

11 月 24 日，我一早赶到哥伦布大道，想找机会靠近中央公园西大道，去看梅西感恩节大游行。原以为人们对疫情还心怀忌惮，没想到各个路口里三层外三层，我陷落在人山人海里，抬头望，都是站在自带梯子上蹦跳、扛在爸爸肩膀上尖叫的孩子们，实在没办法挤到前排，据说现场有 300 万人在围观。我只能远远地听着一阵阵的欢呼，眺望着一个个巨型气球在两排大楼之间缓缓前移。天气特别冷，耳朵冻得厉害，透过呼吸的白雾，熟悉的"麦当劳叔叔"在远处飘过，硕大的红色身体在阳光下透明得像个梦——1994 年麦当劳在上海淮海路开出中国第一家，对刚工作三年的我而言，吃一份麦当劳套餐就是一个梦。2021 年 6 月上海的麦当劳已经开到了 300 家，我早已三过其门而不入了。远处的麦当劳叔叔，且飘荡且感伤。第二天，微信群里的噩耗刷屏，接下来各种消息，惊心动魄。28 日晚，哥伦比亚大学雅典娜女神雕像前有人集会。一周里所见所闻，霹雳晴天，是鲁迅也会说，"人类的悲欢并不相通"。

1 月 7 日，由苏州文化艺术中心和费城交响乐团合办的"唐诗的回响"新春音乐会在纽约林肯中心举行，这是中国地方代表团在疫情之后首次到访美国，意味着国内疫情防控政策的彻底改变，因疫情阻断的国际交流活动开始恢复，中国终于以官方阵仗回到了纽约。当然，文化交流的潜台词大家也心知肚明。第二天，代表团赶到纽约下城的华美协进社联欢，近距离展演昆曲、

▼ 2022 年 12 月 24 日上午十时许，梅西感恩节大游行中的巨型充气玩偶"麦当劳叔叔"飘荡在中央公园西路上空。当天，4 公里长的游行队伍吸引了 300 万人沿路围观。

苏绣和评弹，现场来了快 500 人，几年里少有的爆棚人气。苏州在纽约展演的昆曲，是联合国教科文组织认定的非物质文化遗产，唱的是《牡丹亭》里的名段《游园惊梦·皂罗袍》："原来姹紫嫣红开遍，似这般都付与断井颓垣。良辰美景奈何天，赏心乐事谁家院？"

第三天华美来电，说代表团送了他们一块年画雕版，问我能否用它帮他们搞些春节活动，我一眼认出是我熟悉的乔女士设计的"福"字小版，上面刻着柿子、如意和牡丹图案——花开富贵，"事事（柿柿）如意"。以外贸为支柱产业的苏州，动如脱兔，兔年这第一桩心事能如意否？

"让我们宣布疫情特赦吧"

老牌杂志《大西洋》（*The Atlantic*）2022 年获得了美国杂志编辑协会颁发的"综合卓越奖"，以面向所谓"严肃读者"和"思想领袖"的时事类内容著称。10 月 31 日，发表了布朗（Brown）大学经济学教授艾米丽·奥斯特（Emily Oster）的文章"让我们宣布疫情特赦吧"，因为"我们需要互相原谅在对新冠一无所知时的言行。我们都被蒙在鼓里，说了很多话，有些是对的，有些是错的，我们需要跨过去，继续前进，因为责备是没有用的"。

一石惊起千层浪。

创立于 2017 年的"子栈"（Substack）是与《大西洋》有竞争关系的网站，任何人都可以在这个网络平台撰写并发布新闻及评论，读者付费订阅，作者赚钱，平台分成。传统纸媒的衰退，使得大批失业记者投奔"子栈"。推特、脸书和油管 2020 年开始限制或删除与新冠相关的所谓"错误信息"，助推了"子栈"发展出更多希望独立发声与思考的作者与读者。到 2021 年 8 月，"子栈"已拥有 25 万订户，前十作者的年收入高达 700 万美元。这让长期占有话语权的传统主流媒体很不顺眼，2021 年 1 月《纽约客》发文批评"子栈"的内容审核政策太过"轻量级"。

里拉从 2017 年起就不再订阅《纽约时报》了，改上"子栈"，喜欢的作者里有个网名叫加托·马洛（el gato malo）的，里拉每个月都付 5 美元看马洛。"你看看这篇，剥下了'砖家'的画皮。"他推荐我看的是马洛针对奥斯特言论的评论："我们为什么要原谅那些用三年时间否认百年来的科学证据，通过愚蠢、贪婪和恐惧来攻击我们生活和生计的人呢？"

奥斯特毕业于哈佛大学，2005 年因为学位论文讨论亚洲地区男女比例失衡而爆得大名，她通过数据分析认为不是重男轻女造成的堕胎、杀婴，而是因为亚洲国家流行乙型肝炎病毒，导致女性更容易怀上男婴。这种颠覆性的观点让学界震惊，2008 年两位台湾教授在《美国经济学刊》发文，用台湾卫生署疾病管制局的数据证明这一结论站不住脚。当年，奥斯特公开承认，说她评估了新数据后发现博士论文的结论是错误的。2020 年 7 月，她又在学校收集病例数据，虽然她不是教育或医学专家，但她利用经济学家的技能，用数据和逻辑推演，写文章呼吁学校和幼儿园重新开放。这受到和她一样富裕的私立学校家长的欢迎，而公立学校的老师则称她是"江湖骗子"。

作为偶尔也需要处理一点数据的人文社会科学研究者，我钦佩奥斯特对社会问题的关切和跨领域探索的勇气，但对她置数据变量之间因果关系于不顾的习惯很不理解，也不明白她几近执拗的数据单一依赖。难道她不知道学校在美国是高度阶级化、种族化和地区化的吗？难道她不明白公立学校系统就是一套官僚体系吗？

疫情是百年一遇的劳资关系的谈判桌，是政治而不是数据，定义了美国人的日常生活。

不少人在"子栈"上批评奥斯特的数据来源偏向于罗德岛这类精英社区，批评她不接地气地赞美"在家工作"而罔顾现场工作者的无奈和风险，但这些都不是问题的本质。"如果你因此而受挫，受到你不想要的打击，并像许多人一样遭受痛苦，那么，只要你不提倡将其强加于人，你就已经得到了我的原谅。你是这里的受害者。但是一旦你越界而提倡强制性政策或故意压制数据，那就是一个完全不同的问题了。犯错不是犯罪，甚至被胁迫而沉默也不是罪过。但强迫别人是，故意压制数据与传播谎言是。我敢肯定，许多人现在发现自己在如此多的问题上站错了方向，因欺诈失败而被迅速曝光，他们希望得到特赦。"马洛的眼光是毒辣的，他似乎参透了公知与网红的"心机"，也把握住了权力和专制的命门，其反击刀刀见血。

奥斯特大约是疏忽了，网络时代，删帖容易，但互联网也是有记忆的。她在 2021 年 12 月 22 日的推特被翻了出来："羞辱人们不打疫苗好像不管用。那怎么办？给他们加上家庭压力，就管用了。给人们想去做的事情设限，比如：乘飞机或乘火车旅行、工作或者参加体育活动，必须打疫苗。要这么办才管用。"

修车行的马可师傅为了去看儿子的棒球赛，去年打了第一针辉瑞后身体不适，本不想打第二针，但由于女儿要升公立高中，要开家长会面谈，必须完全接种，今年 5 月只好硬着头皮打了第二针。木匠比尔发了一次小型的心肌梗死，现在走路一瘸一拐，他对我说"可能是打了莫德纳疫苗的后遗症"，那他在翻修电影院的工地上，工程队要求打。我的校友陆师姐为了乘飞机来美国探望儿子，也不得不在 2021 年底打了美国药监局认可名单中的科兴疫苗。如果这些普通人的例子都不算数，那可以看看塞尔维亚职业网球运动员德约科维奇（Novak Djokovic）。2022 年他因为拒打疫苗被澳大利亚网球公开赛取消资格，2023 年该国取消疫苗旅行禁令，1 月 29 日德约科维奇重返夺冠。

经济学家哈耶克（F. A. Hayek），在 1944 年出版的《通往奴役之路》中曾写道："这些最渴望对社会进行计划的人们，如果允许他们这样做的话，将会使他们成为最危险的人和最不能容忍别人的计划的人。从纯粹的并且诚心诚意的理想家到狂热者往往不过一步之遥。"奥斯特应该是读过"大师兄"的这本代表作的吧？

2021 年初，世界卫生组织开始用希腊字母给新冠病毒新变异株命名。从"阿尔法"（Alpha）开始，到 11 月已经启用了"奥密克戎"（Omicron），这是第 13 个得到命名的变异株。病毒变异是有些快，但比病毒变异更快的恐怕是"专家"。"如果封控的支持者正在删除他们过去支持公共卫生专制的证据，从某种意义上说是个好消息，说明人们开始为曾经支持过那样一个破坏性的、不道德的观点感到羞愧了。"11 月 28 日，巴塔查里亚发了这样一条推特，他是斯坦福大学医学院教授、医生。2020 年 10 月，他和其他两位同行共同发布《大巴林顿宣言》，认为现行的防疫措施已经给民众心理、民生和经济带来严重损害，在让社会运转重回正轨的前提下，建立群体免疫，强化弱势群体的重点保护，才是富有同情心的方案。"当前的封锁政策，会让工薪阶层和年轻人成为负担最重的群体，而且不让学生在学校上学是非常不公平的。"宣言的另一名发起人、哈佛大学医学院流行病学教授库尔多夫，2021 年 3 月 15 日在推特上说，疫苗只是对高危人群及其看护者有意义，之前自然感染者和孩子并不需要打疫苗。
3月21日，推特认定他分享了"虚假信息"，在推文下贴上"误导"标签，关闭了评论和点赞键，还屏蔽了他的推文转发功能。库尔多夫在他擅长的传染病监测和疫苗安全评估领域被推特宣判了"社死"，社交媒体上很难再看到他关于儿童疫苗接种、封控、密接者追踪和强制戴口罩的反对意见了。

截至2022年底，有近94万人在《大巴林顿宣言》的官网上签名，但都泥牛入海，普通人很难听到另一种声音。让不同的观点都能发表出来，让每个人自己权衡判断，并为各自的决定负责，就无所谓"特赦"一说。我不知道托马斯·索维尔是不是因为自己是黑人且是斯坦福大学的教授，就特别敢讲。"我们这个时代最危险的趋势之一，便是通过制定'仇恨言论'法，使得讲真话成为'社交上不可接受的'乃至'非法的'。"

年过六旬的伊丽莎白在我认识的人中绝对是"社牛"，常去一家葡萄牙风味酒吧，有一次居然不到半小时就被吓了回来，"旁边那个女的太彪了，说如果我再说一句疫苗的坏话，就把酒泼到我脸上"。我一点也不奇怪。这几年，因为疫情或其他，谁没有几个突然水火不容且不准备再交往下去的老友呢？

哈佛大学政治学明星教授施克莱（Judith Shklar）生前对美国政府滥用职权多有批评，她在《不正义的多重面孔》（*The Faces of Injustice*）中，导论第一句就是"一场灾难，在什么时候算是一件不幸之事，什么时候算是不正义之事？"在真实生活中用"天灾还是人祸"作为区别标准其实并无太大的意义，必须认识到"不正义与不幸之间的分界线源于政治选择。当我们纵容政治腐败，以及当我们默然接受自己认为不正义、不明智或残酷的法律时，我们就陷入了'消极不正义'"。反思自我，很多羞愧。劫后余生，绝不敢用"不幸"或"幸免"来一笔带过。看到有些人患上了认知失调，导致记忆偏差，认为自己是英雄而不是恶棍，真是会生出生理性的厌恶来。

"鸟儿放飞了"

10 月里，里拉约我去"白街一号"（One White Street）晚餐。走上鹅卵石铺砌的三角地（Tribeca）老街，不由得想起西面曾有以老上海民国腔调吸引食客盛装落座的高档中餐馆"倾国"（China Blue）。2020 年 3 月疫情初发，它应声倒下，餐厅网站上写着"囿于疫情当下，食客寥寥，不得不忍痛割爱，永久关闭"。一年之后，"白街一号"居然在疫情期间开张，并很快拿下米其林一星，让我很好奇。"其实挺难的。客人刚了解我们，就遇到疫情反复。2021 年底特别糟糕，那时奥密克戎流行，一周只有十几位客人；感恩节前后还关门好几天，员工全感染了。"奥斯汀·乔纳森（Austin Johnson）能把普通食材做出"奇峰平地起"

的范儿，这位梦想在纽约开店的内布拉斯加州（Nebraska）的年轻人，当然庆幸遇到了不差钱的投资人，但他太明白餐馆要维持下来还是仰仗食客的，"为了做大厨，我什么都不怕。去过阿拉斯加海船上捕三文鱼赚钱，去过法国的餐厅免费打工偷艺，可是我怕没客人。高端餐饮怎么送外卖？堂食到今年三月还要求查疫苗卡呢！好在现在恢复正常了，都是满座，一周定位的客人能有一千多位吧。我还想在旁边开家面包店，但如果哪天又说疫情来袭呢？"如果说真有什么所谓"新冠后遗症"，最后那个疑问就是。

人人都有欲望，但欲望只能存活于能让欲望得到满足的人际关系和社会规范中。如果环环相扣的社会功能随时都可能被威权打断，个体对生活的把控感一再被自以为收放自如的管控瓦解，那么，所有人都会成为惊弓之鸟。

2023 年元旦，阿力给斯蒂芬祝贺新年，然后问能否让他在工地上打点零工，因为他被亚马逊解雇了。伊丽莎白的女儿亚力克莎正好在亚马逊人事部门，我向伊丽莎白打听，她说："是啊，前两年疫情人们不出门，都在网上买这买那，他们突击招了太多人。现在可好，疫情结束，销售越来越差，孩子说计划要裁掉18000 人，是公司 28 年历史上裁员最多的一次。这是个棘手的大麻烦，她整天都在四处灭火，2022 年算下来她出差了 34 趟。"

大潮退去，一片狼藉。

10月27日，埃隆·马斯克（Elon Musk）发推"鸟儿放飞了"（the bird is freed），好一条连锁炸药的引线。第二天，他发出自己抱着水槽迈进公司大门的短视频，配文"把水槽安上"（Let that sink in），玩了个谐音梗，差不多就是"请你记住"的意思，像汉语里的俏皮话"你的明白？"，也接近流行语"你品，你细品"。反正440亿美元，推特被马斯克买下了。

11月19日，马斯克宣布恢复特朗普的推特账号，撤销了2021年1月6日特朗普的支持者聚集国会大厦以来停止这位前总统使用推特的禁令。马斯克在此前举行了一项民意调查，请推特用户就是否恢复账号点击"是"与"否"，结果超过1500万张选票中有51.8%赞成。库尔多夫推文下的"误导"标签随即消失，评论和转发功能也被恢复，如今这位医生的推特有33万多人关注。12月6日，马斯克解雇了推特的法务官詹姆斯·贝克（James Baker），此人在入职前曾是美国联邦调查局的首席律师，参与过所谓俄罗斯干预2016年美国总统大选的指控，马斯克的理由是，"可能在压制对公众对话至关重要的信息的过程中发挥了作用"，意指经贝克"审查"，原定要公开的有关推特平台处理亨特·拜登（即拜登总统的次子Robert Hunter Biden）笔记本电脑事件的内部文件被推迟，其时正值中期选举的关口，人们显然不是对电脑中的艳照感兴趣。亨特在2014至2019年担任乌克兰最大天然气供应商布利斯玛有限公司（Burisma Holdings）的董事，收取了巨额咨询费。据"透明国际"（Transparency International）统计，乌克兰在俄乌冲突爆发前是欧洲第二大腐败国家，这不禁让人们对北溪二号的被炸泄漏、美国本土的油价暴涨乃至俄乌冲突的本质原因浮想联翩。

11月8日，跟着阿方斯去投票。第23公立学校的门外排着长队，一名穿着纽约州立大学石溪分校套头衫的年轻人，举着印有6名候选人姓名和头像的硬纸板海报站在路口，不时高喊"请选共和党"，阿方斯大声回应："那是必须的！"定睛一看，发现我居然与海报上一名叫李·泽尔丁（Lee Zeldin）的人握过手。那是10月10日，哥伦布日大游行，他带着30多人在第五大道上，边游行边散发传单，我在东70街的路口围观，他走过来和我握手，说"请拯救我们的国家"。这次中期选举当政的民主党很害怕出现支持共和党的"红色浪潮"，"史泰登岛一片红"完全在情理之中，毕竟这里是纽约五个区中唯一的"红区"。意料之外的是布鲁克林南部的日落公园（Sunset Park），这里有色人种占四分之三，西侧是西班牙裔，东侧则有越来越多的华裔聚集，治安混乱。共和党提出的三条纲领——"保卫街区的安全""保护我们的钱包""为我们的后代而战"——在这个重视家庭观念的社区深入人心，传统"蓝区"初现"红潮"。

1月9日，拜登私藏机密文件的新闻被主流媒体曝光，而实际上这些文件在中期选举前就被发现；21日晚，再爆在拜登特

▲ 2022 年 10 月 10 日下午，曼哈顿第五大道上的哥伦布日大游行。航海家哥伦布是意大利人，所以游行中多见意大利国旗及带有红白绿三色的装饰。这是由意欲竞选纽约州州长的共和党人李·泽尔丁带领的游行队伍，他们的广告衫背面印着竞选标语"拯救我们的国家"，传单上写着竞选纲领，包括"废除无现金保释、削减税收、鼓励家长参与学校教育"等主张。

拉华州的私宅搜出更多机密文件。电视上不分左右，福克斯、有线电视、全国广播公司，都在滚动报道。拜登未曾想前脚抄了特朗普的家，后脚自己假模假样地邀请联邦调查局来"抄家"，结果彻底"演砸"了。这些新闻被报道的时机和力度，都相当令人玩味。中期选举民主党涉险过关，普遍的"红潮"并未发生，但拜登似乎已有被弃之嫌。

退休狱警保罗终于可以在太太达琳面前大声说话了，"看看，搬起石头砸自己的脚了吧"。退休教师达琳是民主党拥趸，一直觉得保罗对特朗普抱有同情是"因为大学都没念过"，如今只好由着他每晚看福克斯的《卡尔森今夜秀》(*Tucker Carlson Tonight*)。塔克·卡尔森的时事评论，已成为有线电视新闻史上收视率最高的节目，尽管卡尔森秉持的是显而易见的保守派立场。人们来到这里，恐怕未必都赞同卡尔森的观点，但能听到不同于《纽约时报》的另一种声音，已是物以稀为贵。

纽约 10 月宣布进入紧急状态，因为美国和墨西哥交界的各州不愿承担偷渡者造成的巨大压力，用大巴将部分入境者运至呼吁开放边境的华盛顿特区和纽约市等"庇护城市"，这些州市的地方法律禁止美国移民局对嫌疑人的任何执法，而纽约市府当然是其中当仁不让的"自由女神"，在这里，"非法入境者"的提法被认为是"政治不正确"的，政府文件用"寻求庇护者"(asylum seeker)取而代之。到 12 月中旬，纽约接待了约 6.5 万人，开设了 60 余处庇护所，仅照顾移民一项，本财政年度的花费预计 10 亿美元。刚执政一年的市长亚当斯（Eric Adams）在电视上大叫"我们的庇护所系统已经满了，我们几乎没有钱、人手和空间了"。

移民是直接关系到选票的政治"棋子"，凡政党斗争都所不用其极，但两党不断刷新的底线还是"没有最低，只有更低"。《华盛顿邮报》1 月 14 日报道，成吨的食品垃圾被扔出罗尔（Row）酒店，员工菲利普（Felipe Rodriguez）在接受采访时朴实地表示"这样的浪费是犯罪"。这个距离时代广场步行 2 分钟的"百老汇的摇篮"，10 月起被市府征用为难民家庭救济中心；而南美人和中国人一样，并不习惯三明治、矿泉水等冷食。24 日我试图进入罗尔酒店观察，在门口和大堂执勤的国民警卫队员没有注意到我，但在楼梯上被工作人员拦住，"我们没有空房间了，对，就是没有空房间了"。她似乎是受过某种培训，一直回避我关于难民中心的提问；抬头可见餐厅和楼梯上站着、靠着、坐着很多提着塑料袋裹着羽绒服的人。

我又去了紧靠帝国大厦的沃尔科特（Wolcott）酒店，疫情时这家酒店被迫关闭，目前被征用为单身女性救济中心。酒店黑人保安把着大门，"不对外，不对外"；我趁一名水管工拖着大型工具进去的当口，窥见这座以布杂艺术（Beaux-Arts）风格著称的酒店，在其强调秩序性的富丽大堂里，摆着一溜铺着一次性塑

▲ 2023 年 1 月 24 日下午 2 时许，被征用为难民庇护所的沃尔科特酒店，位于曼哈顿闹市区，超过百年历史，是纽约历史地标建筑。门上的几张 A4 纸是用西班牙语打印的告示，说明此处为单身女性难民的投宿处，还列有曼哈顿其他难民家庭的接待酒店地址。门口站着三名刚从酒店走出的墨西哥难民。午后的阳光正巧投射到酒店大门带有雕塑的布杂艺术风格的山墙饰上。

料布的简易折叠桌，前面站着几名穿着拖鞋的南美肤色的女子，后面似乎是工作人员，有人在桌上的塑料篮子里翻找，有人一问一答在抽出的纸上写字。

将难民安置到市中心的高级酒店，这种做法在国际上相当罕见。"政治正确"的高调姿态，其实对事件相关的任何一方都不是免费的，哪怕是对"寻求庇护者"本身。"所有命运赠送的礼物，早已在暗中标好了价码。"

犹太博物馆下半年有个特展"纽约：1962 至 1964"。1962年，为应对美国在意大利和土耳其部署弹道导弹，苏联在古巴做了类似的部署，这就是冷战期间最接近核战争的"古巴导弹危机"事件；1963 年 8 月，美国爆发历史上最大规模的人权政治集会"向华盛顿进军"，马丁·路德·金在集会中发表了著名演讲《我有一个梦想》；1963 年 11 月，时任总统约翰·肯尼迪遇刺身亡，美国国内发生极大混乱；1964 年 7 月，肯尼迪生前提出的《民权法》，由约翰逊总统（Lyndon Johnson）签字生效，它赋予不同种族平等的政治和社会权利。这个展我去看了三次，与其说是为了欣赏创作于这三年间的 180 多件作品，不如说只是为了沉浸在这些作品里——把这些艺术家及其作品连缀起来，几乎就是一部完整的美国当代艺术史。它们向我提出了一个无声却响亮的问题：1962 到 1964 年，突发的重大事件从根本上改变了美国的社会和政治景观，艺术家对这样的时代巨变做出了怎样的回应？答案令人眼花缭乱——抽象雕塑、发光雕塑、现代舞、波普艺术、抽象表现主义、极简主义、色域绘画、社会景观摄影……新的艺术概念不断生成，艺术的边界持续在打破中融合再打破。20世纪中期自有其时代的积累，前所未有的经济繁荣扩大了消费品的范围，不断扩大的媒体网络将种族、阶级、性别的紧迫冲突更快更多地推向民众的认知，在这样的历史背景下，突发事件点燃了艺术反思的欲望和激情，从而彻底更迭了纽约乃至世界的文化版图。

回想这些年，艺术家创作了什么值得书入艺术史的作品吗？至少到目前还没看到，而社会生活的聒噪却愈演愈烈。

2022年1月19日深夜，自然历史博物馆门前的老罗斯福雕像被拆除，10月路过还看得到留在原址的巨大基座，2023年1月3日在公交车上一掠而过，却发现基座已被清除，微雨中排长队的游客不太会意识到他们正站在什么之上。

去东79街第五大道旁的"美国乌克兰协会"（Ukrainian Institute of America），听一场作曲家哈特曼（Thomas de Hartmann）的专场室内乐演出。钢琴家开场前说："我之前致力于推介他，但在乌克兰本土一直都不怎么流行。直到战争开始，我才有了这么多演奏哈特曼的机会。"场下一片笑声，我却笑不出来。

初冬的波希米亚国家礼堂（Bohemian National Hall）座无

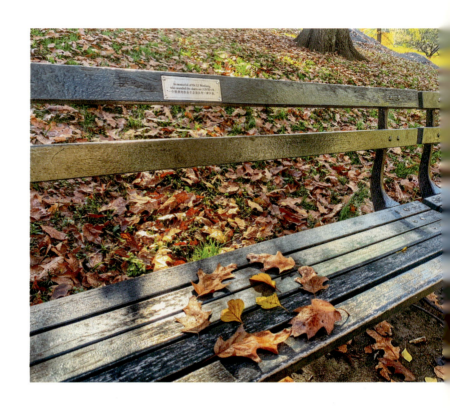

▲ 2022 年 11 月 2 日上午，我在中央公园的长椅上找到了这块铭牌。铭牌上没有捐资者的姓名。我用地上的落叶，在长椅上轻轻摆了一个花环。

虚席，捷克领事致辞，"俄乌大战，世界混乱，我们在这里有一个温馨的夜晚"。泽纳蒂（Ivan Zenaty）用一把 1740 年的意大利手制小提琴演奏德沃夏克（Antonin L. Dvorak）的《自新世界》第一乐章，故乡寥落的山川里有一个民族的清新风貌和炙热的爱国情怀。百年前年过半百的德沃夏克在东 17 街写下这首曲子，如今旧居拆毁，原址仅有一块 1940 年德国占领捷克后流亡政府挂上的纪念牌。

2022 年 10 月，黑人说唱歌手坎耶（Kanye West）在巴黎时装秀上穿了一件背后写有"白人的命也是命"的 T 恤衫，随即推特账号被封。

11 月 8 日，去纽约城市博物馆参加教师培训工作坊，登记时工作人员要我在名字后面加上"自定义代词"，以便让他人明白"你自定义的社会性别"。

11 月 14 日，纽约市政厅前，LGBTQ 组织与女权运动组织发生冲突，前者认为后者不承认"跨性别女性"属于女性，是"法西斯主义者"，试图用武力驱散集会，混战中 9 人被捕。

2023 年 1 月 14 日，曼哈顿有反战游行，横幅上写着"不要北约，要和平"。

纷争不会天然地促进反思，苦难也不会变成必然的财富。这几年，世界病异而崩坏，作为全球文化"主战场"的纽约，普通人在短兵相接中被更残酷地剥夺与伤害。

沿着秋叶，我在中央公园西 96 街的路口，找到了一条长椅，椅背的铭牌上刻着一句中文，"一个健康的社会不应该只有一种声音"。纽约的身上多了一条新的疤痕，不分种族不分肤色，三年里每个人都受了这个重伤。

2022 年因疫情停办两年的诺贝尔奖颁奖典礼恢复。12 月 7 日，文学奖得主安妮·埃尔诺（Annie Ernaux）到场发表获奖演说，她引用了雨果在《悲惨世界》中写下的句子："没有人过着只属于自己的生活。"是的，每个人既是历史的人质，也是证人。

2023 年 1 月 31 日定稿于东 42 街纽约公共图书馆

补记

2022 年开始，西南边境得克萨斯州州长格雷格·阿博特（Greg Abbott）将抵达该州的无证移民运送到自称为"庇护城市"（Sanctuary City）的民主党主政地区，首当其冲的就是美国最大的城市暨最大的"庇护城市"纽约市。据移民与海关执法局（ICE）的统计，截至 2024 年 11 月，有近 76 万无证移民滞留纽约市。据纽约市府的统计，2022 年至 2024 年，纽约共安置了超过 20 万人，安置一名移民的费用每天近 400 美元。另外，还要为他们提供一系列城市服务，包括政府颁发的身份证明、公立学校和健康保险注册、心理咨询等。由于大量无证移民的涌入，压垮了纽约本已陷入困境的庇护系统，市府早已入不敷出，关键市政服务预算被削减，社会治安状况严重恶化，公共资源也消耗到了极限，将安置成本强加给所有纳税人等等问题引发了激烈争议。

2024年11月5日大选结果揭晓后，纽约市的无证移民危机似乎走到了尾声。12月12日特朗普任命的边境总管霍曼（Tom Homan）与纽约市长亚当斯会面后，对媒体表示纽约"来了个180度的大转弯"，亚当斯宣布到2025年3月纽约市和纽约州将关闭25处移民收容所，此举将为纽约市节省23亿美元。但史泰登岛上的5家庇护所，不在关闭计划中，引发岛上居民的抗议。原岛岸养老院是其中之一，2023年9月被改成庇护所，岛上居民就开始在外面抗议并竖起告示牌。由于位处从布鲁克林到史泰登岛的必经路口，不断有人维护的告示牌格外醒目。2024年12月13日我再去查看，发现有裹着头巾拉扯着三名儿童的妇女入内，而警察仍然在四周执守。

2024年12月13日于史泰登岛

后记

2017 年夏天，从上海去纽约。

那时候纽约就是纽约，是上紧了发条的巨兽，壮实、性感、赤裸裸。最成熟的文化人类学者，恐怕也难以招架它的耍酷、易变、炫目和癫狂。夏天的调研摸底，让我彻底诚服于纽约的野性，放弃了不切实际的宏大关怀，决定去找到某些稳定且普通的事物，通过它们去理解这座超级都市的老练，从而为研究上海的都市民俗寻觅新路。

2017 年冬日的一个黄昏，我游荡在曼哈顿街头，到东 115 街与第一大道的街口，突然迎面一堵墙，墨西哥女郎和黑妹的头像足有一人多高！"有一朵玫瑰在"几个字就这样闯入眼底，"西班牙哈莱姆"的歌声像电流一样涌来。刹那间脑子开了锁，我知道，我被呼召了——走进这座钢筋丛林的法门，赫然眼前。

从那个街角，我一直走到春寒料峭的 2020 年初。纽约移民的奋斗史、底层百姓的憋屈与不甘，就铺陈在东哈莱姆杂乱街巷的平民墙画上；史泰登岛上劳工阶层钟爱的星条旗，是美国梦的残影，更是阶层撕裂的宣言；上东区的酒店和餐厅，墙上的裸女、名流直至玛德琳的精灵，跨过记忆的激流在今天的账单上妩媚加戏。走过一条条街道，走进一道道门，在鼎沸人声里沉浸、过活，人从墙上走下来，和我一起徜徉在喧闹的默片中。

人文社会科学尤其是人类学的研习者，都有在论文之外写写札记的脾性。我老觉得，写《哲学研究》的维特根斯坦行在天上，而《战时笔记：1914—1917 年》的作者却活在人间；我也愿意相信，写《一本严格意义上的日记》的马林诺夫斯基，比《西太平洋上的航海者》的作者更真实。论文我倒没发表几篇，但这些兴之所至的文字，寒假一篇、暑假一篇，被澎湃新闻和小鸟文学这样敏锐而宽厚的新媒体接纳，并告诉我有蛮大的读者量，这太容易诱发虚荣心，仿佛我可以永远踱着方步寒来暑往，纽约也一直会是永远的纽约。然而，现实打在无知无畏的脸上，比翻书还快。

2020 年 3 月，新冠疫情跨过太平洋，在纽约港登陆。中美停航，我被迫滞留。潘多拉魔盒劈头盖脸，记日记几乎成了全世界读书人本能的第一反应。人生无常，纽约竟也会无常。但回头看，其实早有端倪，不仅前文草蛇灰线处处，而且我还以"具身化"（embodied）的方式经历了中美关系的艰难时刻——"虽然雪终会融化",但 2019 年冬的纽约真是暴雪啊!我多希望不要有后面的三年——"街上没有兵,没有马,却兵荒马乱"。

史家不幸诗家幸,这样的说法是残忍的。

老实说,2020 年之后的几篇,非我自愿,仿佛冥冥之中有指令,去见证,去记录。日常不见了,人人都是历史的人质。带着自己的故事片段走进我的某段日记的人,其实仓皇应对着的是五年——纽约狼狈的五年。文章是跟着这样的五年走的,里面的主人公们也带着当年的印象,然而,他们不仅在那一年融化在我的纽约日子里,而且毫不矫饰相遇之后的所有生活,其中大部分是创伤与不堪。对于书写者,这是幸抑或不幸?

维尼医生不再去曼哈顿的哈佛校友俱乐部,"不屑于领受那些天生的民主党人的白眼"。2020 年美国大选,拜登的选票后来居上,"感觉智商被侮辱"的他一夜间变成了共和党人,"我不喜欢特朗普,但我捍卫他说话的权利"。不少同行已经不再敢跟他公开合作了,但"疫苗和口罩,是科学议题,不该为政治服务"。

鲁斯兰带着老婆孩子从布鲁克林搬到了佛罗里达。俄乌战争爆发一年后,他跟合作伙伴马尔钦彻底闹崩了,而且"我不想孩子们整天被问是不是俄罗斯人"。他发来一家人的海滩照,阳光明媚,但"我还要在这里找一份活儿才好,人不在纽约,老客户保不牢"。

布莱尔、保罗夫妇都退休了。2023 年元旦他们家多出来三个从未见过的小朋友，说是女儿苏珊的孩子。苏珊是小学老师，嫁给了新泽西州橄榄球队的职业球员；因为政见不同与父母断交，多年不来往。但最近闹离婚，苏珊搬去新伴侣那边，丈夫不知道是赌气还是真带不了，孩子们就到了外公外婆家。"我们太老了吗？真的不明白！"苏珊说是爱上了她的同事，一个"很酷帅"的女生。

2018 年夏天，徐老先生带我第一次去卡拉瓦乔吃意大利菜，2020 年疫情暴发，老先生在 4 月故去。2023 年初，恢复正常的卡拉瓦乔悄悄地狠狠地涨了价，跟老先生的女儿餐聚，她说骨灰尚未归葬宁波，颇怅然。

西蒙娜·薇依打过一个比方："当人们用锤子敲钉子时，钉子的粗头受到的打击全部传到钉尖，而无任何损失，尽管钉尖仅是一点而已。""极度的不幸，它既是肉体的痛苦，也是灵魂的沮丧和社会地位的沦丧，它构成了这只钉子。钉尖钉在灵魂的核心中。钉的粗头就是散布在整个时空中的全部必然性。"维尼、鲁斯兰、布莱尔、保罗和徐老先生，这五年里承受着纽约的"全部必然性"，他们和家人在经历了生活的不期之厄后继续负重生活；而主流媒体却为了所谓大局宁愿选择立场而罔顾真相，明火执仗地编造甚至抹去我们亲历的历史。我的内心生出对权力的厌恶和对人性的怀疑，我要记住他们的"受活"，记住他们特殊真实中的普遍真实。我相信，文学和历史永远会进行缓慢而坚定的清算。

这几年飞来飞去，不亚于匍匐于时代的战壕，侥幸生还，总会被上海和纽约的新知故友问到另外一边的情形。这或许暗合了人类学这门学科的本意——人类的智慧里有一种便是通过理解他者，绕道理解自我。旅途不单意味着时空变换，而且指向某种批判或自我批判的社会实践。"破坏实验"导致的灾难如果叠加、映射，则会更快地显影并放大各自社会的规则与普世人性的本原。

所以，我还是那只"上海雁"，还会飞去纽约。

感谢黄晓峰兄和韩少华兄，书中不少文章在经过两位资深编辑的打磨后，五年里陆续在澎湃新闻的《思想市场》栏目发表过，感谢他们思路相伴的君子情谊。此次辑入书中，根据某些人物和事件的后续发现做了修订，也增补了之前删去的一些细节，终能以较为完善的面貌就教于大家。感谢陈卓编辑的不弃和广东人民出版社的担当，使得这本以"在世界看世界"取向写成的"世界社会"的当下生成史，能以较为忠实的都市民族志的面貌面世。

从 2003 年开始，我都会在年初留出时间，细读刘擎教授对西方知识界的年度回顾，受教多多。我很感念他在烦累紧张的日程里为我作序，感念他的宽待和鼓励，也期冀他的那些思辨能修正我粗疏的观感。

我把这本书题献给斯蒂芬·加利拉（Stephen Gallira）先生和他的朋友们，没有谁能比他们更明白，破坏容易建设难。这些一砖一瓦建造着纽约的人，带我走进他们的家庭和社区，摊开被尘世潮水浸泡的私家底片。我记下他们的故事，感念他们愿意走进我的个体生命中。

我还要谢谢我的崔璨小姐，我和她的缘分很深，深过母女，她是我永远的前方和后方。

2023 年 4 月 1 日截稿于上海

补记

这本书从截稿到出版经历了两年意外的周折，其间世界也经受更多的动荡撕扯，但似乎都能从 2018 年到 2023 年初的纽约伤痛中看出端倪，找到症结。作为比对，在部分章节的末尾，添加了各篇中相关事项截至 2024 年底的最新变化。回头再看当初及时记录下来的体察，如同校对城市的时钟，如同确认时间的密码，有心悸，有无奈，有懂得，有盼望。

——为渺小而辽阔的，为平凡而矜贵的。

2024 年 12 月 22 日记于纽约

图书在版编目（CIP）数据

破坏实验 / 李明洁著 . -- 广州 : 广东人民出版社，

2025. 7. -- ISBN 978-7-218-18639-9

I. Q98-53

中国国家版本馆 CIP 数据核字第 2025P6U061 号

POHUAI SHIYAN

破坏实验

李明洁 著

出 版 人：肖风华

策划编辑：陈　卓
责任编辑：钱飞遥　陈　卓
责任技编：吴彦斌
封面设计：周伟伟

出版发行：广东人民出版社
地　　址：广州市越秀区大沙头四马路 10 号（邮政编码：510199）
电　　话：（020）85716809（总编室）
传　　真：（020）83289585
网　　址：https://www.gdpph.com
印　　刷：广东信源文化科技有限公司
开　　本：889 毫米 × 1240 毫米　1/32
印　　张：11.75　　字　数：230 千
版　　次：2025 年 7 月第 1 版
印　　次：2025 年 7 月第 1 次印刷
定　　价：98.00 元

如发现印装质量问题，影响阅读，请与出版社（020-87712513）联系调换。
售书热线：（020）87717307